2,-

W 5209 T

Udo Renner · Joachim Nauck · Nikolaos Balteas

Satellitentechnik
Eine Einführung

Mit 111 Abbildungen und 17 Tabellen

Springer-Verlag Berlin Heidelberg New York
London Paris Tokyo 1988

Professor Dr.-Ing. Udo Renner
Dipl.-Ing. Nikolaos Balteas
Institut für Luft- und Raumfahrt
Technische Universität Berlin
Straße des 17. Juni 136
D-1000 Berlin 12

Dr.-Ing. Joachim Nauck
MBB-ERNO Raumfahrttechnik
Hünefeldstraße 1–5
D-2800 Bremen 1

ISBN 3-540-18030-3 Springer-Verlag Berlin Heidelberg New York
ISBN 0-387-18030-3 Springer-Verlag New York Heidelberg Berlin

CIP-Kurztitelaufnahme der Deutschen Bibliothek:
Renner, Udo: Satellitentechnik: e. Einf./U. Renner; J. Nauck; N. Balteas. – Berlin; Heidelberg;
New York; London; Paris; Tokyo: Springer, 1988
ISBN 3-540-18030-3 (Berlin...)
ISBN 0-387-18030-3 (New York...)
NE: Nauck, Joachim; Balteas, Nikolaos:

Dieses Werk ist urheberrechtlich geschützt. Die dadurch begründeten Rechte, insbesondere die der
Übersetzung, des Nachdrucks, des Vortrags, der Entnahme von Abbildungen und Tabellen, der
Funksendung, der Mikroverfilmung oder der Vervielfältigung auf anderen Wegen und der
Speicherung in Datenverarbeitungsanlagen, bleiben, auch bei nur auszugsweiser Verwertung,
vorbehalten. Eine Vervielfältigung dieses Werkes oder von Teilen dieses Werkes ist auch im
Einzelfall nur in den Grenzen der gesetzlichen Bestimmungen des Urheberrechtsgesetzes der
Bundesrepublik Deutschland vom 9. September 1965 in der Fassung vom 24. Juni 1985 zulässig. Sie
ist grundsätzlich vergütungspflichtig. Zuwiderhandlungen unterliegen den Strafbestimmungen des
Urheberrechtsgesetzes.

© Springer-Verlag Berlin, Heidelberg 1988
Printed in Germany

Die Wiedergabe von Gebrauchsnamen, Handelsnamen, Warenbezeichnungen usw. in diesem
Werk berechtigt auch ohne besondere Kennzeichnung nicht zu der Annahme, daß solche Namen
im Sinne der Warenzeichen- und Markenschutz-Gesetzgebung als frei zu betrachten wären und
daher von jedermann benutzt werden dürften.

Sollte in diesem Werk direkt oder indirekt auf Gesetze, Vorschriften oder Richtlinien (z. B. DIN,
VDI, VDE) Bezug genommen oder aus ihnen zitiert worden sein, so kann der Verlag keine Gewähr
für Richtigkeit, Vollständigkeit oder Aktualität übernehmen. Es empfiehlt sich, gegebenenfalls für
die eigenen Arbeiten die vollständigen Vorschriften oder Richtlinien in der jeweils gültigen Fassung
hinzuzuziehen.

Texterfassung: Mit einem System der Springer Produktions-Gesellschaft, Berlin;
Datenkonvertierung: Brühlsche Universitätsdruckerei, Gießen;
Druck: Mercedes-Druck, Berlin; Bindearbeiten: Lüderitz & Bauer-GmbH, Berlin.
2068/3020-543210

Vorwort

Nach dem Start des ersten künstlichen Satelliten „Sputnik" am 4. Oktober 1957 hat sich die Satellitentechnik im Laufe von drei Jahrzehnten zu einer eigenständigen technischen Disziplin entwickelt, die zum Teil bereits die Phase der staatlich geförderten Forschung hinter sich gelassen hat und, insbesondere bei den Nachrichten- und Rundfunksatelliten, nach wirtschaftlichen Gesichtspunkten betrieben wird.

Das Buch entstand aus der Vorlesung „Satellitentechnik" an der Technischen Universität Berlin und wendet sich an Studenten und Ingenieure der Raumfahrttechnik. Es soll das physikalische und technische Grundwissen vermitteln, das für die daran anschließende Vorlesung „Satellitenentwurf" erforderlich ist.

Nach einer einleitenden Diskussion der Bedeutung der Satellitentechnik, insbesondere zur Lösung oder zum Verständnis erdgebundener Probleme, wird in den beiden folgenden Kapiteln die Bahndynamik eines gestörten Zweikörpersystems behandelt mit dem Ziel, den Treibstoffbedarf für die notwendigen Bahnkorrekturen zu berechnen, ein Faktor, der insbesondere bei längeren Missionsdauern die Dimensionierung eines Satelliten beeinflußt.

Kapitel 4 behandelt die wechselseitigen Beziehungen zwischen Satellit und Trägerfahrzeug und die Randbedingungen, die sich daraus für die Konfiguration und Dimensionierung des Satelliten ergeben. Nachdem damit die Grundkonfiguration für eine vorgegebene Mission gewählt ist, werden in den folgenden Kapiteln die einzelnen Untersysteme nacheinander behandelt: Struktur, Energieversorgung, Nachrichtenübertragung, Thermalkontrolle, Lageregelung, Antriebssysteme und Zuverlässigkeitsberechnung.

Wir danken dem Verlag für die Anregung zu diesem Buch und die gute Zusammenarbeit bei der Erstellung des Manuskriptes.

Berlin, im Winter 1987

Udo Renner
Joachim Nauck
Nikolaos Balteas

Inhaltsverzeichnis

1   Bedeutung der Raumfahrt   1
1.1   Die zweidimensionale Erschließung unseres Lebensraums   1
1.2   Die dreidimensionale Erschließung unseres Lebensraums   2
1.3   Die bedeutendsten Raumfahrtprojekte   3
1.4   Die Umgebungsbedingungen im Weltraum   7

2   Bahndynamik   9
2.1   Ballistischer Flug   9
2.2   Bahnänderungsmanöver 12
2.3   Bahnbestimmung 14
2.4   Kreisförmige Bahnen 17
2.5   Interplanetare Flüge 19

3   Bahnstörungen 25
3.1   Abplattung der Erde 25
3.2   Ungleichförmige Massenverteilung der Erde 25
3.3   Gravitationseinflüsse von Sonne und Mond 25
3.4   Sonnendruck 26
3.5   Restatmosphäre 27

4   Satellitenkonfiguration 28
4.1   Interface: Satellit – Trägersystem 28
4.2   Das System „Satellit" 36

5   Struktur 42
5.1   Statische und dynamische Lastannahmen 42
5.2   Strukturbauteile 42
5.3   Strukturanalyse 47

6   Energieversorgung 58
6.1   Solarzellen 58
6.2   Batterien 62
6.3   Zusammenwirken von Batterie und Solarzellen 65
6.4   Spannungsregelung 66

7 Nachrichtenübertragung 68

- 7.1 Telemetrie und Telekommando 70
- 7.2 Computer 70
- 7.3 Pulscodemodulator/-demodulator 71
- 7.4 Frequenzumsetzung und Modulation 71
- 7.5 Leistungsverstärker/Empfänger 73
- 7.6 Antennenübertragungsstrecke 74
- 7.7 Entfernungsmessungen 77
- 7.8 Richtungsmessungen 77

8 Thermalkontrolle 79

- 8.1 Aufgaben 79
- 8.2 Grundlagen 82
- 8.3 Technische Lösungen 91

9 Lageregelung 99

- 9.1 Dreiachsenstabilisierung 99
- 9.2 Drallstabilisierung 101
- 9.3 Äußere Störmomente 110
- 9.4 Stellglieder 115

10 Antriebssysteme 118

- 10.1 Abschätzende Berechnungsverfahren 119
- 10.2 Feststoffantriebe 120
- 10.3 Kaltgassysteme 122
- 10.4 Heißgassysteme 125
- 10.5 Elektrische Antriebssysteme 130
- 10.6 Tanks 133

11 Zuverlässigkeitsberechnung 135

Verzeichnis der Abkürzungen der im Buch erwähnten Satellitenprojekte . . 137

Weiterführende Literatur 139

Sachverzeichnis 140

Symbolverzeichnis

a Große Ellipsenhalbachse (Kap. 2)
A Fläche (Kap. 3, Kap. 9), Schichtfläche/Oberfläche (Kap. 8)
b Kleine Ellipsenhalbachse (Kap. 2)
B Bandbreite (Kap. 7), Induktion (Kap. 9)
B_K Bremskraft (Kap. 3, Kap. 9)
B_e Erdfeldstärke (Kap. 9)
c Federsteifigkeit (Kap. 5), spezifische Wärme (Kap. 8)
C Allgemeine Integrationskonstante (Kap. 2)
C_w Widerstandsbeiwert (Kap. 3, Kap. 9)
d Dämpfung (Kap. 5)
D Antennendurchmesser (Kap. 7), Schichtdicke (Kap. 8), Dämpfungsfaktor (Kap. 9)
e Massenspezifische Energie (Kap. 2)
e_{pot} Massenspezifische potentielle Energie (Kap. 2)
e_{kin} Massenspezifische kinetische Energie (Kap. 2)
$e_{i,j}$ Konfigurationsfaktor (Kap. 8)
E Elastizitätsmodul (Kap. 5), Energie (Kap. 9)
f Frequenz (Kap. 7), Leistungsgewicht (Kap. 9)
F Kraft (Kap. 2), Fläche (Kap. 5, Kap. 7), Schub (Kap. 10)
h Massenspezifischer Drall (Kap. 2)
h_B Höhe über dem Meeresspiegel (Kap. 2)
h_p Höhe des Perigäums (Kap. 3)
h_A Höhe des Apogäums (Kap. 3)
H Drall (Kap. 2, Kap. 9)
i Inklination (Kap. 2), Stromstärke (Kap. 9)
I Strom (Kap. 6)
I_α Trägheitsmoment (Kap. 9)
J Trägheitsmoment (Kap. 5)
K Wärmeleitzahl (Kap. 8), Kraft (Kap. 9)
K_e Spezifischer elektrischer Leitwert (Kap. 9)
l Entfernung, Abstand (Kap. 2)
L Länge (Kap. 5)
m Masse (Kap. 2, Kap. 5, Kap. 8, Kap. 10)
M Drehmoment (Kap. 5, Kap. 9)
N Normalkraft (Kap. 5)
p Sonnendruck (Kap. 1), Bahnparameter (Kap. 2), Druck (Kap. 10)
P Leistung (Kap. 6, Kap. 8, Kap. 9)

X Symbolverzeichnis

P_{eff} Effektiver Sonnendruck (Kap. 1, Kap. 9)
q   Drahtquerschnitt (Kap. 9)
Q   Querkraft (Kap. 5), Wärmeenergie (Kap. 8)
r   Reflektionsgrad (Kap. 1, Kap. 3), Radiusvektor, Abstand vom Gravitationskörper (Kap. 2)
R   Erdradius (Kap. 2), elektrischer Widerstand (Kap. 9)
$\dot{R}$ Radialgeschwindigkeit (Kap. 7)
S_u Umfang (Kap. 5)
S   Bestrahlungsstärke/Solarkonstante (Kap. 8)
t   Zeit (Kap. 2, Kap. 8 bis 11), Querschnittsdicke (Kap. 5)
T   Periodendauer, Umlaufzeit (Kap. 2), Temperatur (Kap. 5, Kap. 8, Kap. 10), äquivalente Rauschtemperatur (Kap. 7)
T^n Übertragungsmatrix (Kap. 5)
U   Spannung (Kap. 6, Kap. 9)
v   Geschwindigkeit (Kap. 2, Kap. 9), Schnittkraftvektor (Kap. 5)
v_T Ausstoßgeschwindigkeit (Kap. 2, Kap. 10)
V   Volumen (Kap. 8 bis 10)
w   Verschiebung (Kap. 5), Windungszahl (Kap. 9)
Z   Zentrifugalkraft (Kap. 9), Zuverlässigkeit (Kap. 11)
α   Azimuth (Kap. 2), Wärmedehnungskoeffizient (Kap. 5), Antennenöffnungswinkel (Kap. 7), Absorptionsgrad (Kap. 8), Lagewinkel (Kap. 9)
γ   Frühlingspunkt (Kap. 2)
γ   Spezifisches Gewicht (Kap. 5)
δ   Elevation (Kap. 2)
δv Virtuelle Verschiebung (Kap. 5)
ε   Exzentrizität (Kap. 2), Emissionsgrad (Kap. 8)
θ   Geographische Breite (Kap. 2), Antennenkeulenbreite (Kap. 7)
λ_G Winkel zwischen Greenwich-Meridian und Frühlingspunkt (Kap. 2)
λ   Geographische Länge (Kap. 2), Wellenlänge (Kap. 7), Wärmeleitfähigkeit (Kap. 8), Ausfallrate (Kap. 11)
μ   Spezielle Gravitationskonstante (Kap. 2)
ϱ   Atmosphärendichte (Kap. 2, Kap. 9), Dichte (Kap. 5, Kap. 8)
σ   Spannung (Kap. 5), spezifisches Gewicht (Kap. 9)
τ   Schubspannung (Kap. 5)
φ   Bahnwinkel mit Bezug zum Perigäum oder wahre Anomalie (Kap. 2)
Φ   Vorhaltwinkel (Kap. 2)
ψ   Einfallswinkel (Kap. 8)
ω   Winkelabstand des Perigäums (Kap. 2), Kreisfrequenz (Kap. 5), Winkelgeschwindigkeit (Kap. 9)
Ω   Länge des aufsteigenden Knotens (Kap. 2)

Konstanten

AU Astronomische Einheit, $1{,}49538 \cdot 10^{11}$ (m)
c   Lichtgeschwindigkeit, 299 793 (km/s)
G   Universelle Gravitationskonstante, $6{,}674 \cdot 10^{-11}$ (Nm²/kg²)
k   Boltzmann-Konstante, $1{,}38 \cdot 10^{-23}$ (Ws/K)

R   Gaskonstante 8,31434 (J/MkgK)
R_E Mittlerer Erdradius, 6378,140 (km)
S   Mittlere solare Energiedichte, 1372 (W/m^2)
μ_0 Permeabilitätskonstante (Vakuum) $4\pi \cdot 10^{-7}$ (H/m)
μ_E Gravitationskostante der Erde, 398600 (km^3/s^2)
σ Stefan-Boltzmann-Konstante, $5,66961 \cdot 10^{-8}$ (W/m^{2}K^4)

1 Bedeutung der Raumfahrt

Am 4. Oktober 1957 wurde mit dem Start des russischen Satelliten SPUTNIK der erste künstliche Satellit in eine Erdumlaufbahn gebracht. Obwohl dieser Satellit mit 58 cm Durchmesser und einer Masse von 84 kg technisch praktisch bedeutungslos war, wirkte er als Initialzündung für ein weltweites Raumfahrtprogramm, das bereits zwölf Jahre später, am 21. Juli 1969, mit dem Betreten des Mondes durch den amerikanischen Astronauten Neil Armstrong einen spektakulären Höhepunkt erreichte.

Zur Zeit umkreisen etwa 5 000 Raumflugkörper die Erde, während weitere 10 000 bereits wieder außer Betrieb gestellt und zum größten Teil verglüht sind. Als Zeitgenossen dieser rasanten Entwicklung fällt es uns schwer, das Ausmaß und die Bedeutung dieses Vorstoßes in die dritte Dimension abzuschätzen. Es ist nicht auszuschließen, daß diese Epoche die gleiche historische Bedeutung erlangen wird wie die Ereignisse gegen Ende des 15. Jahrhunderts, wo innerhalb einer Generation die zweidimensionale Erschließung unseres Lebensraums durchgeführt wurde.

1.1 Die zweidimensionale Erschließung unseres Lebensraums

Die theoretische Erkenntnis der Kugelgestalt der Erde ist mehr als 2 000 Jahre alt und schon Aristoteles (384 – 325 v. Chr.) bekannt gewesen. Eratosthenes von Kyrene gelang bereits 270 v. Chr. eine relativ genaue Vermessung des Erddurchmessers. Das Weltbild des Ptolemäus, das vom 2. Jahrhundert n. Chr. bis zum Ende des 15. Jahrhunderts Gültigkeit hatte, sieht die Erde als Kugel und Mittelpunkt der Welt.

Der erste Globus als kartographische Darstellung der Erde wurde jedoch erst von Martin Behaim im Jahre 1492 angefertigt, im Jahre der Entdeckung Amerikas durch Columbus und vier Jahre nach der Umrundung Afrikas durch Bartolomeo Diaz. Die bis dahin verwendeten Karten spiegeln trotz der theoretischen Erkenntnis, daß die Erdoberfläche unbegrenzt ist, die praktische Erfahrung eines begrenzten Weltbildes wider: im Norden wird es zu kalt, im Süden zu heiß, und im Westen ist die Welt durch Wasser begrenzt. Das historische Verdienst der Portugiesen und Spanier war es, vor allem diese psychologischen Barrieren zu durchbrechen.

Innerhalb der folgenden dreißig Jahre gelang es Portugal und Spanien, zwei Nationen, die bisher an der Peripherie der mittelmeerorientierten Geschichte gelebt hatten, zu den beiden Weltmächten zu werden, die die Erde umsegeln und unter sich aufteilen konnten.

Das Durchbrechen so wichtiger psychologischer Barrieren brachte den Mut, andere jahrhundertealte Tabus in Frage zu stellen und führte zur Beendigung des Mittelalters: Innerhalb derselben dreißig Jahre schlug Luther seine Thesen gegen das Papsttum an, erhoben sich die Bauern gegen die Ständeordnung und wagte es Michelangelo, Menschen zu sezieren. Weitere Stichwörter sind: Renaissance, perspektivische Malerei und Beginn der experimentellen Physik.

Hieraus läßt sich ableiten, daß unser Bewußtsein weniger durch theoretische Erkenntnisse als vielmehr durch praktische Erfahrung bestimmt wird, die unsere fünf Sinnesorgane anspricht. Dasselbe Phänomen kann bei dem im folgenden diskutierten Übergang von der Astronomie zur Raum-„fahrt" beobachtet werden.

1.2 Die dreidimensionale Erschließung unseres Lebensraums

Die theoretische Auseinandersetzung mit der dritten Dimension in Form der Astronomie geht ebenfalls bis ins Altertum zurück. Nach der Einführung des Fernrohrs am Ende des 16. Jahrhunderts und der Gravitationsgesetze durch Newton und Einstein glaubte man noch vor wenigen Jahrzehnten, eine so detaillierte Kenntnis über den Weltraum zu besitzen, daß ein Befahren des Weltraums, das ohnehin technisch aussichtslos erschien, keine weiteren Erkenntnisse bringen würde. Das Weltbild basierte auf Himmelskörpern, deren einzige Beziehung zueinander ihre gegenseitige Anziehungskraft ist, während der dazwischenliegende Raum leer und bedeutungslos ist.

Bereits nach den ersten Vorstößen in den Weltraum kam man auf die Erkenntnis, daß Himmelskörper, also verfestigte Materie, die Ausnahme im Weltraum sind und nur etwa 10 % der vorhandenen Materie vertreten. Die Regel mit 90 % des Massenanteils ist fein verteiltes Plasma, das ionisiert und damit außer der Schwerkraft elektrischen und magnetischen Kräften unterworfen ist. Damit ergeben sich vielfältige lebenswichtige Wechselbeziehungen zwischen den Himmelskörpern, deren Bedeutung wir zur Zeit nur erahnen können.

Man weiß inzwischen, daß das Magnetfeld der Erde, das seit der Erfindung des Magnetkompasses im 15. Jahrhundert als Navigationshilfe genutzt wurde, die Erde mit einem Schutzschild gegen den Sonnenwind umgibt, von dessen Existenz man vorher nichts gewußt hatte. Der Sonnenwind seinerseits scheint das gesamte Planetensystem gegenüber der harten kosmischen Strahlung abzuschirmen. Woher das Erdmagnetfeld kommt und warum Sonne, Erde und Jupiter ein Magnetfeld besitzen, Venus, Mars und Merkur zum Beispiel aber keines, ist noch nicht endgültig geklärt. Die plausibelste Theorie ist zur Zeit die Dynamo-Theorie, nach der flüssige Eisenmassen im Erdinneren ihre Drehgeschwindigkeit beizubehalten versuchen, während die Erdoberfläche durch die Gezeitenreibung ständig abgebremst wird. Das würde bedeuten, daß selbst der Mond eine lebenswichtige Rolle auf der Erde ausübt.

Die dritte Dimension besitzt zwei Richtungen, nach „oben" in den Weltraum, aber auch nach „unten" ins Erdinnere, das einem direkten Zugriff verschlossen ist. Die tiefsten Bohrungen bis in eine Tiefe von mehreren Kilometern haben noch nicht einmal die äußerste Erdkruste durchstoßen.

Interessanterweise hat sich die Raumfahrt als sehr befruchtend für die Geophysik ausgewirkt. Das Erdinnere ist zum größten Teil flüssig und, soweit ersichtlich, in Bewegung. Die relative Bewegung der Eisenmassen im Erdkern wurde bereits angesprochen, aber auch der leichtere Erdmantel scheint in Bewegung zu sein, da sonst das Auseinander- und Zueinanderdriften der tektonischen Erdplatten nicht zu erklären ist. Daß sich die Platten überhaupt bewegen und daß Amerika und Afrika vor 100 Millionen Jahren zusammenhingen, war noch vor dreißig Jahren eine Theorie unter anderen.

Inzwischen haben Satellitenmessungen bestätigt, daß sich die tektonischen Platten mit einigen Zentimetern pro Jahr relativ zueinander bewegen und daß damit Erd- und Seebeben, Vulkanausbrüche und die Anlagerung von Bodenschätzen entlang der tektonischen Grenzzonen erklärt werden können.

Für ein besseres Verständnis der Zusammenhänge ist eine genaue Vermessung des Erdmagnetfeldes und des Erdschwerefeldes nicht nur an der Erdoberfläche, sondern auch in verschiedenen Höhen über der Erdoberfläche von entscheidender Bedeutung. Allein die Vermessung des mittleren Wasserspiegels über den Weltmeeren, dessen Höhe um bis zu 90 Metern variiert, ist vom Boden unmöglich, vom Satelliten aus jedoch mit Genauigkeiten im Zentimeterbereich ausführbar und für die Bestimmung der Struktur der Erdkruste von wesentlicher Bedeutung.

1.3 Die bedeutendsten Raumfahrtprojekte

Obwohl die meisten Raumfahrtprojekte disziplinübergreifend sind, empfiehlt sich zur besseren Übersicht eine Einteilung in

- Erforschung des Weltraums (Astronomie),
- Erforschung des Sonnensystems (Interplanetare Sonden),
- Erforschung der Erde und praktische Anwendung,
- Raumstationen.

1.3.1 Die Erforschung des Weltraums (Astronomie)

Die Astronomie ist eine der ältesten Wissenschaften und besaß bereits im Altertum große Bedeutung. Der erste entscheidende technologische Durchbruch gelang allerdings erst, als um 1600 Galileo Galilei das von Tycho de Brahe entwickelte Fernrohr als astronomisches Werkzeug einsetzte. Den nächsten entscheidenden Durchbruch erreichte man mit der Positionierung der Fernrohre außerhalb der Erdatmosphäre, wodurch das Spektrum der empfangenen Signale von dem bisherigen Bereich (400 bis 800 µm) auf fünfzehn Zehnerpotenzen erhöht wurde, so daß es nötig wurde, vier Spektralklassen einzuführen.

a) *Röntgenwellen* stellen die kurzwelligste und härteste Strahlung dar. Hier arbeitet der europäische Satellit EXOSAT. Er wird voraussichtlich ab 1992 von dem deutschen ROSAT unterstützt werden.

b) *UV- und sichtbares Licht* wurden von dem europäischen TD und dem niederländischen ANS beobachtet. In den 90er Jahren wird der europäische HIPPARCOS mit hochgenauen Winkelmessungen beginnen, während das größte zukünftige Projekt das SPACE TELESCOPE der NASA werden wird, bei dem das Teleskop den ganzen Laderaum des SPACE SHUTTLE ausfüllen wird. Europa ist mit der Lieferung der Solargeneratoren und der Faint Object Camera beteiligt.

c) *Infrarote Strahlung* wird zur Zeit von dem europäischen IUE und dem niederländischen IRAS empfangen. In Zukunft ist auch mit einem deutschen Beitrag zu rechnen: einem Helium-gekühlten Teleskop an Bord des zweiten SPACELAB.
d) *Radiowellen* haben die längsten Wellenlängen bis hin zum Millimeter-Bereich und erfordern zu ihrer Bündelung die größten Reflektoren. Man geht daher dazu über, einzelne Antennen über möglichst weite Abstände auf der Erde zu verteilen, was leistungsfähige Computer zur Datenkorrelation und eine hochgenaue Zeitsynchronisation erfordert. Bei dem zur Zeit geplanten interkontinentalen Verbundbetrieb läßt sich die Zeitsynchronisation am besten über Satelliten herstellen.

Die bisherigen Erfolge, die mit dieser Methode (VLBI = Very Large Baseline Interferometry) vor allem bei der Entdeckung von Quasaren erzielt wurden, haben zu der Überlegung geführt, weitere Reflektoren auf Satelliten mit verhältnismäßig weitem Abstand von der Erde zu positionieren und damit aufgrund der größeren Referenzbasislinie eine höhere Auflösung beobachtbarer Objekte zu erreichen.

1.3.2 Die Erforschung des Sonnensystems (Raumsonden)

Wie bereits besprochen, hat das Sonnensystem im Raumfahrtzeitalter besondere Bedeutung erlangt, weil es nicht nur beobachtet, sondern auch befahren und an Ort und Stelle vermessen werden kann. Dieses Fachgebiet ist wissenschaftlich gegliedert in die Disziplinen: Physik der Planeten, Physik der Sonne und interplanetarische Plasmaforschung.

Mond- und Planetenflüge sind die spektakulärsten Ereignisse und daher zu Beginn der Raumfahrt in den sechziger und frühen siebziger Jahren die finanziell am besten unterstützten Programme. Am bekanntesten ist das APOLLO-Programm, das am 20.7.1969 in der ersten bemannten Mondlandung gipfelte.

Flüge zu den Planeten sind bisher noch unbemannt geblieben. Am 17.5.1969 gelang die erste weiche Landung auf Venus (VENUS 5/6). Am 3.12.1973 flog PIONEER 10 nach 22monatiger Reise am Jupiter vorbei. Am 29.3.1974 gelang MARINER 10 der erste Vorbeiflug am Merkur, und schließlich landete eine VIKING-Raumsonde am 20.6.1976 auf dem Mars.

Alle 179 Jahre besteht eine einmalig günstige Konstellation der äußeren Planeten zueinander, die zum letzten Mal in der Periode 1977 bis 1981 auftrat. Von dieser Möglichkeit einer Grand-Tour, die ihre Antriebskraft aus der Bahnenergie der besuchten Planeten bezieht, machen vor allem PIONEER 11 und die beiden Raumsonden VOYAGER 1 und 2 Gebrauch. Am 1.9.1979 wurde zum ersten Mal der Saturn erreicht (Vorbeiflug von PIONEER 11). VOYAGER 2 befindet sich auf dem Anflug zum Uranus und schließlich zum Neptun, die im Januar 1986 bzw. September 1989 erreicht wurden bzw. werden.

Weitere Ziele lagen im sonnennahen Planetensystem: die Erforschung des Asteroidengürtels und der Besuch vorüberfliegender Kometen, insbesondere des „Giacobini Zinner" im Sommer 1985 und „Halley" im März 1986, dem eine ganze Flotte von Raumfahrtsonden von vier verschiedenen Raumfahrtorganisationen (NASA, ESA, INTERCOSMOS, ISAS) entgegenflogen.

1.3 Die bedeutendsten Raumfahrtprojekte

Die Annäherung an die Sonne ist wegen der hohen Temperaturen schwieriger. Der deutsch-amerikanische Satellit HELIOS näherte sich bereits auf 0,3 Erdbahnradien. Weitere bekannte Missionen sind OSO (Orbiting Solar Observatory) und der SOLAR MAXIMUM SATELLITE.

Geplant sind verschiedene Beobachtungsstationen am ersten Lagrangeschen Punkt (L 1), an dem sich die Anziehungskraft von Erde und Sonne gegenseitig aufheben. Das spektakulärste Projekt ULYSSES sieht einen Flug zum Jupiter vor, durch dessen Anziehungskraft die Bahn umgelenkt und zum ersten Mal eine Raumsonde in eine polare Umlaufbahn um die Sonne katapultiert wird. Dieser bisher unerforschte Raum kann überraschende Aufschlüsse über die Verteilung des Sonnenwindes, des Sonnenmagnetfeldes und der von der Sonne ausgehenden Strahlung liefern. Weitere Pläne gehen in Richtung von Raumsonden, die die Sonne in geringem Abstand umkreisen sollen, um z.B. die Dynamik der Sonnenflecken besser zu beobachten.

Die Erforschung des interplanetaren Plasmas ist besonders interessant an den Grenzschichten z.B. zwischen Sonnenwind und Erdmagnetfeld oder zwischen Sonnenwind und äußerem Weltraum. Bekannte Raumsonden sind OGO (Orbiting Geophysical Observatory), HEOS, GEOS und ISEE, die sich im allgemeinen auf geschlossenen Bahnen um die Erde bewegen. Zur stereoskopischen Beobachtung will man in Zukunft zum Teil zum Formationsflug mehrerer Einzelsonden übergehen (CLUSTER).

1.3.3 Die Erforschung der Erde und praktische Anwendung

Daß die Raumfahrt gar nicht so wissenschaftlich isoliert und wirtschaftlichkeitsfern ist, soll eine Diskussion der verschiedenen erdgebundenen Projekte zeigen.

Erderkundungssatelliten fliegen im allgemeinen dicht über der Erdatmosphäre (einige hundert Kilometer hoch). Um die ganze Erde abzudecken, werden polare Bahnen mit einer Inklination von ca. 80° gewählt. Diese sonnensynchronen Bahnen ergeben konstante Beleuchtungsverhältnisse für die beobachteten Objekte.

Die Bedeutung der Erderkundungssatelliten zur Kartographie, Aufklärung und Überwachung, wobei der Übergang zur militärischen Anwendung fließend ist, nimmt zur Zeit stark zu. Bekannte Projekte sind LANDSAT, SPOT und ERS. Aber auch in China, Japan und Indien wird an der Entwicklung dieser Satelliten intensiv gearbeitet.

Bedingt durch die niedrige Umlaufbahn sind die Kontaktzeiten zur Bodenstation verhältnismäßig kurz, in der Größenordnung von zehn Minuten pro Umlauf. Daten, die in der Zwischenzeit gesammelt werden, müssen an Bord gespeichert und während der Kontaktzeiten ausgelesen werden. Das starke Anwachsen der Datenrate macht in Zukunft zusätzliche Relaissatelliten in geostationärer Umlaufbahn notwendig, wodurch eine kontinuierliche und unverzögerte Datenübermittlung ermöglicht wird. Der bekannteste Datenrelaissatellit ist zur Zeit der von der NASA betreute TDRS, aber auch in Europa besteht ein starkes Interesse an einer eigenen Entwicklung.

Wetterbeobachtungssatelliten übermitteln kontinuierlich Daten über die großflächige Wetterentwicklung und sind daher typischerweise in geostationärer Umlaufbahn angeordnet. Am bekanntesten ist in Europa der von der ESA betreute METEOSAT, der zur abendlichen Fernsehwettervorhersage beiträgt. Aktueller Bedarf, vor allem zur Sturmwarnung, besteht außerdem in Indien, Japan und den USA.

Nachrichtensatelliten dienen als feste Relaisstationen im Weltraum auf geostationärer Umlaufbahn (in ca. 36 000 km Höhe) und bieten auf diese Weise einen Blickwinkel, den Stationen auf der Erde nicht vorweisen können, so daß vor allem folgende Dienste angeboten werden können

- Datenübertragung zwischen zwei festen Bodenstationen über weite Entfernungen, insbesondere interkontinentale Verbindungen (Fixed Services),
- Datenübertragung zwischen mobilen Stationen (Mobile Services),
- direkte Verbreitung von Rundfunk- und Fernsehprogrammen zu möglichst vielen Empfängern (Broadcast Service),
- breitbandiger Datenaustausch zwischen Computern oder Videokonferenzstudios (Specialized Services).

Die Benutzer dieser Systeme haben größtenteils auf staatliche Förderung verzichtet und schließen sich immer mehr in eigenen, profitorientierten Organisationen wie INTELSAT, INMARSAT oder EUTELSAT zusammen.

Die bekannteste internationale Organisation, INTELSAT, verbindet zur Zeit 109 Nationen weltweit und übermittelt Ferngespräche und Fernsehübertragungen zu insgesamt 140 größeren Bodenstationen mit Empfangsantennen zwischen 10 und 30 m Durchmesser. Da vor allem interkontinentale Verbindungen hergestellt werden sollen, ist der typische Satellitenstandort über den drei Ozeanen.

Eine noch größere Wachstumsrate weisen nationale Satellitenprojekte auf. Da die Ausleuchtzone kleiner und damit die Energiedichte größer ist, reichen Empfangsantennendurchmesser von unter einem Meter zum direkten Empfang von z.B. Fernsehsendungen aus, was in einigen Ländern – besonders in den USA – zu einem zusätzlichen Entwicklungsanstoß geführt hat.

Die beinahe explosionsartige Ausbreitung der Nachrichtensatelliten, über die in ihrer Ausdehnung begrenzte geostationäre Umlaufbahn, führt schon jetzt zu einschneidenden Interessenkonflikten zwischen den beteiligten Organisationen und zu der Suche nach potentiellen Lösungen für das Überfüllungsproblem. Ernsthaft diskutierte Vorschläge sind

- schärfere Bündelung der abgestrahlten Leistung, d.h. größere Antennen an Bord,
- Verwendung höherer Frequenzen, z.B. 20/30 GHz und darüber mit entsprechend größerer Bandbreite,
- Zusammenfassung von Satelliten in Formationsflug (Cluster), eventuell mit direkter Nachrichtenverbindung zwischen den Satelliten,
- Aufbau größerer Einheiten, eventuell im Weltraum, durch Rendezvous- und Docking-Manöver,

- Ausweichen auf andere Umlaufbahnen wie z.B. den 12-Stunden-Orbit, wie er von den sowjetischen Nachrichtensatelliten der MOLNYA-Klasse verwendet wird.

Materialuntersuchung und Herstellung unter Schwerelosigkeit ist ein relativ neues Fachgebiet, das unter Umständen eine starke Wachstumsrate verspricht. Als neuer Aspekt kommt hier ins Spiel, daß der einfache Flug ins All nicht ausreicht, sondern daß im allgemeinen das Fertigprodukt wieder auf die Erde zurückbefördert werden muß. Hier werden große Möglichkeiten eröffnet für bemannte und unbemannte Raumstationen, die im folgenden besprochen werden.

1.3.4 Raumstationen

Die Errichtung bemannter und unbemannter permanenter Raumstationen und ihre kontinuierliche Versorgung wird im nächsten Jahrzehnt das am stärksten geförderte und am meisten diskutierte Raumfahrtvorhaben werden.

Erste Schritte in dieser Richtung waren bemannte Stationen wie SKYLAB und SPACELAB und unbemannte rückführbare Fahrzeuge wie SPAS und EURECA. Geplant ist für die nähere Zukunft eine Infrastruktur in größerem Stil, bestehend aus einer bemannten Station in erdnaher äquatorialer Umlaufbahn, einer wahrscheinlich unbemannten Station in polarer Umlaufbahn sowie einer Flotte von Zubringerfahrzeugen und aussetzbaren Labors zur Material- und Medikamentenherstellung oder zur Untersuchung von z.B. Flüssigkeiten unter Schwerelosigkeit.

Langfristig ist an Stationen in der geostationären Umlaufbahn und auf dem Mond gedacht. Diese Stationen könnten dann als Ausgangsbasis für ehrgeizige Raumfahrtmissionen dienen, wobei z.B. das Baumaterial für die Raumfahrzeugstrukturen direkt vom Mond gewonnen werden kann.

Ein anderes wichtiges Anwendungsgebiet ist die Entwicklung von Techniken zum Zusammenbau größerer Strukturen im Weltraum wie z.B. Riesenantennen oder Riesenspiegel zum Auffangen des Sonnenlichts zur Energieversorgung auf der Erde.

1.4 Die Umgebungsbedingungen im Weltraum

Eine interplanetare Raumsonde vom Typ VOYAGER benötigt nach dem heutigen Stand der Technik, selbst unter Ausnutzung günstiger Planetenkonstellationen, mehr als zehn Jahre, um das Ende unseres Planetensystems zu erreichen. Damit hat sie noch nicht einmal ein Tausendstel des Weges zum nächsten Fixstern, Alpha Centauri, zurückgelegt, der mehr als vier Lichtjahre entfernt ist.

Das heißt, daß unsere Weltraumfahrt auf absehbare Zeit auf unser Sonnensystem beschränkt bleibt. In diesem Bereich werden die Umgebungsbedingungen von der Sonne bestimmt, die sich in folgende Effekte unterteilen lassen

a) *Elektromagnetische Wellen* (das Sonnenlicht), die sich mit Lichtgeschwindigkeit bewegen und keinen wesentlichen Schwankungen unterliegen. Ihre Intensität hängt von dem Abstand zur Sonne ab. In Erdnähe, d.h. im Abstand von 150 Millionen Kilometern, hat das Licht eine Energiedichte S von

$$S = 1\,372 \text{ W/m}^2.$$

Wird das Licht durch eine senkrecht stehende Fläche auf Nullgeschwindigkeit abgebremst, so erhält man nach dem Impulssatz einen Sonnendruck p von

$$p = \frac{S}{c} = 0{,}46 \cdot 10^{-5} \, \text{N/m}^2, \tag{1.1}$$

wobei c = 299 793 km/s die Lichtgeschwindigkeit ist. Wird das Licht mit dem Reflektionsgrad r (zwischen 0 und 1) reflektiert, so erhöht sich der effektive Sonnendruck p_{eff} entsprechend

$$p_{eff} = (1+r)p. \tag{1.2}$$

Die absorbierte Energie erwärmt den Satelliten oder kann zum Teil über Solarzellen in elektrische Energie umgesetzt werden.

b) *Ionisiertes Gas* aus Protonen und Elektronen, das sich mit 300 bis 600 km/s von der Sonne entfernt. Dieser „Sonnenwind", der nicht mit dem Sonnendruck unter a) verwechselt werden darf, benötigt einige Tage, bis er die Erde erreicht. Seine Intensität unterliegt starken Schwankungen, die mit der Konfiguration der Sonnenflecken zusammenhängen.

c) *Magnetfelder*, die von den Sonnenflecken auszugehen scheinen und deren Vermessung und Verständnis eine wesentliche Aufgabe zukünftiger interplanetarer Flüge sein wird.

d) *Radioaktive Strahlung*. Der Sonnenwind b) schirmt das ganze Planetensystem zum größten Teil von der harten kosmischen Strahlung ab, die außerhalb des Sonnensystems herrscht.

Im Nahbereich der Erde wehrt wiederum das Magnetfeld der Erde den Sonnenwind ab, der zwar eine wesentlich schwächere Belastung als die kosmische Strahlung darstellt, aber trotzdem zum Beispiel für elektronische Bauteile schädlich sein kann. Dieser Magnetmantel umschließt den Äquator der Erde bis in eine Höhe von etwa 50 000 km, wobei die Grenze von der Aktivität des Sonnenwindes abhängt. Damit sind zum Beispiel geostationäre Satelliten (in ca. 36 000 km Höhe) im allgemeinen vom Magnetfeld der Erde umschlossen und vom Sonnenwind abgeschirmt.

An den Polkappen ist dieser Schutz nicht vorhanden, so daß polar umlaufende Raumflugkörper stärkeren Strahlungsbelastungen ausgesetzt sind. Durch diese Öffnungen können außerdem Teile des Sonnenwindes in das Magnetfeld eindringen. Diese eingefangenen ionisierten Teilchen umkreisen in geschlossenen äquatorialen Bahnen, den sogenannten van-Allen-Gürteln, die Erde. Der innere Gürtel besteht aus Protonen mit einer maximalen Flußdichte von $10^6 \, \text{cm}^{-2}\text{s}^{-1}$ in ca. 4 000 km Höhe. Der äußere Gürtel aus Elektronen besitzt in einer Höhe zwischen 10 000 und 18 000 km eine maximale Flußdichte von $10^9 \, \text{cm}^{-2}\text{s}^{-1}$.

Im unmittelbaren Nahbereich der Erde muß der Einfluß der Restatmosphäre berücksichtigt werden, wobei man als Nahbereiche eine Bahnhöhe von unter 500 km ansetzen kann. Die Normalbahn von niedrigfliegenden Raumflugkörpern (z.B. SPACE SHUTTLE) liegt bei etwa 300 km. Unterhalb von 200 km Bahnhöhe wird die Bremswirkung der Atmosphäre so stark, daß normale Satelliten nach kurzer Zeit verglühen.

2 Bahndynamik

In diesem Kapitel wird vorausgesetzt, daß die Bahndynamik des Satelliten von einer punktförmigen Masse im Zentrum der Erde bestimmt wird. Störungen dieses Modells durch ungleichförmige Massenverteilung der Erde, Gravitationseinflüsse von Sonne und Mond, atmosphärische Reibung und Sonnendruck werden im folgenden Kapitel behandelt.

2.1 Ballistischer Flug

Hier wird zunächst vorausgesetzt, daß das Antriebssystem des Satelliten ausgeschaltet ist und daher nur die Erdanziehung auf ihn einwirkt. Der Satellit gehorcht damit denselben Gesetzen wie die Planeten im Schwerefeld der Sonne, die Kepler (1571 – 1630) aufgrund von Beobachtungen in drei Gesetzen formuliert hat.

1. Die Planeten bewegen sich auf elliptischen Bahnen, wobei die Sonne einen Brennpunkt einnimmt.
2. Die Radiusvektoren von der Sonne zum Planeten überstreichen in gleichen Zeiten gleiche Flächen.
3. Die dritten Potenzen der großen Halbachsen sind proportional zu den Quadraten der Umlaufzeiten.

Newton (1642 – 1727) erkannte, daß zwischen jeweils zwei beliebigen Körpern im Weltraum eine Gravitationskraft besteht, die proportional der Masse beider Körper und umgekehrt proportional dem Quadrat ihres Abstandes ist

$$F = -G \frac{m_1 m_2}{r^2} .$$

$G = 6{,}674 \cdot 10^{-11}\, Nm^2/kg^2$ ist die universelle Gravitationskonstante. Das zweite von Newton formulierte Gesetz besagt, daß Kraft gleich Masse mal Beschleunigung ist

$$F = m_1 \ddot{r} .$$

Faßt man beide Gleichungen zusammen, so erhält man

$$\ddot{r} = -\frac{\mu}{r^2} . \qquad (2.1)$$

μ ist hier die Gravitationskonstante des umkreisten Himmelskörpers, $\mu_E = 398\,600\, km^3/s^2$ ist die Gravitationskonstante der Erde. Aus dieser Gleichung lassen sich alle in diesem Kapitel diskutierten Gleichungen herleiten. Unter anderem läßt sich beweisen, daß die jeweilige Bahn in einer Ebene liegen muß, die auch das Gravitationszentrum enthält. Weiter läßt sich zeigen, daß alle möglichen Bahnen Kegelschnitte sind, wobei das Gravitationszentrum einen Brennpunkt einnimmt. Die allgemeine Gleichung für Kegelschnitte lautet

$$r = \frac{p}{1 + \varepsilon \cos \varphi}. \tag{2.2}$$

Dabei ist r der Radius zum Brennpunkt, φ der Bahnwinkel mit Bezug zum Perigäum und ε die Exzentrizität der Bahn. Der Parameter p ist ein Maß für die räumliche Ausdehnung der Bahn.

Bild 2.1 stellt für einen festen Parameter p die möglichen Bahnen als Funktion von ε dar. Man sieht, daß nicht nur die von Kepler in seinem ersten Gesetz beschriebenen Kreis- und Ellipsenbahnen der Planeten in Frage kommen, sondern auch parabel- und hyperbelförmige Bahnen.

In Bild 2.2 sind die Kenngrößen der elliptischen Bahn dargestellt

- die Exzentrizität ε,
- die wahre Anomalie φ, d.h. der Bahnwinkel mit Bezug zum Perizentrum, dem Punkt größter Annäherung an das Gravitationszentrum,
- der Parameter p und die große Halbachse a. Zwischen beiden besteht der Zusammenhang

$$a = \frac{p}{1 - \varepsilon^2}. \tag{2.3}$$

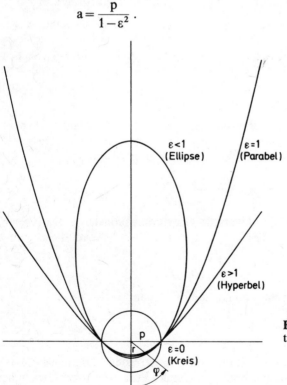

Bild 2.1. Bahnformen als Funktion der Exzentrizität

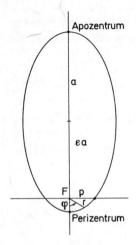

Bild 2.2. Kenngrößen der elliptischen Bahn

Das zweite Keplersche Gesetz beruht auf der Erhaltung des Drehimpulses oder Dralls h und kann folgendermaßen mathematisch formuliert werden

$$h = \sqrt{\mu p} \quad \left(h = \frac{H}{m} \text{ ist der spezifische Drall}\right). \tag{2.4}$$

Damit besitzen alle in Bild 2.1 dargestellten Bahnen den gleichen Drall.
Mit der Beziehung $h = \dot{\varphi} r^2$ erhält man

$$\dot{\varphi} = \frac{\sqrt{\mu p}}{r^2}. \tag{2.5}$$

Wird r aus (2.2) eingesetzt, so ergibt sich

$$\dot{\varphi} = \sqrt{\frac{\mu}{p^3}} \cdot (1 + \varepsilon \cos \varphi)^2. \tag{2.6}$$

Diese Gleichung läßt sich integrieren, indem man $\dot{\varphi} = d\varphi/dt$ setzt, und liefert damit in allgemeiner Form das dritte Keplersche Gesetz

$$\int_0^t dt = \sqrt{\frac{p^3}{\mu}} \int_0^\varphi \frac{d\varphi}{(1 + \varepsilon \cos \varphi)^2}$$

$$t = \sqrt{\frac{a^3}{\mu}} \left[2 \arctan\left(\sqrt{\frac{1-\varepsilon}{1+\varepsilon}} \tan \frac{\varphi}{2}\right) - \frac{\varepsilon \sqrt{1-\varepsilon^2} \sin \varphi}{1 + \varepsilon \cos \varphi} \right]. \tag{2.7}$$

Für einen vollen Umlauf erhält man

$$T = 2\pi \sqrt{\frac{a^3}{\mu}}. \tag{2.8}$$

Durch Integration der Grundgleichung (2.1) erhält man die (massenspezifische) potentielle Energie

$$e_{pot} = -\frac{\mu}{r} + C \quad \text{(e ist die spezifische Energie)}. \tag{2.9}$$

Die Integrationskonstante C kann an sich beliebig gewählt werden. Üblicherweise wird sie zu Null gesetzt, so daß der Energienullpunkt im Unendlichen liegt und alle endlichen Werte negativ sind. Die kinetische Energie ist

$$e_{kin} = \frac{v^2}{2}. \tag{2.10}$$

Die Gesamtenergie e ist nach dem Energieerhaltungssatz konstant

$$e_{kin} + e_{pot} = e \quad \text{oder} \quad \frac{v^2}{2} - \frac{\mu}{r} = -\frac{\mu}{2a}. \tag{2.11}$$

Durch Umformung erhält man die Binetsche Gleichung

$$v = \sqrt{\mu\left(\frac{2}{r} - \frac{1}{a}\right)}. \tag{2.12}$$

Interessant sind die Sonderfälle

Kreis: $r = a \rightarrow v = \sqrt{\frac{\mu}{r}}$ (erste kosmische Geschwindigkeit),

Parabel: $a = \infty \rightarrow v = \sqrt{\frac{2\mu}{r}}$ (zweite kosmische Geschwindigkeit).

Die erste kosmische Geschwindigkeit muß aufgebracht werden, um einen Satelliten auf einer geschlossenen Umlaufbahn zu halten. Für die Erde als Gravitationszentrum ($r = 6\,378$ km, $\mu_E = 398\,600$ km^3/s^2) ergibt sich eine Geschwindigkeit von 7,905 km/s, die von der Startrakete aufgebracht werden muß. Erfolgt der Einschuß in äquatorialer Richtung und im Drehsinn der Erde, so erhält man den ersten Geschwindigkeitsanteil von 0,463 km/s gratis und muß nur noch 7,442 km/s aufbringen. Die Umlaufzeit für diese Bahn ist nach (2.8) 84,5 Minuten.

Die zweite kosmische Geschwindigkeit oder Fluchtgeschwindigkeit muß aufgebracht werden, um das Anziehungsfeld des Bezugskörpers zu verlassen. Für die Erde ergibt sich der Wert von 11,179 km/s.

2.2 Bahnänderungsmanöver

Bahnänderungsmanöver beruhen auf dem Impulserhaltungssatz. Der Satellit besitzt zum Zeitpunkt des Manövers eine bestimmte Geschwindigkeit, die mit Hilfe der Binetschen Gleichung ermittelt werden kann. In der Triebwerkskammer und der anschließenden Düse wird der ausgestoßene Treibstoff auf eine bestimmte *Relativ*-Geschwindigkeit beschleunigt, die typisch für die angewandte Technologie ist, wie zum Beispiel

- Hydrazintriebwerke: ca. 2,2 km/s,
- Zweistofftriebwerke: ca. 3 km/s,
- Ionentriebwerke: ca. 30 km/s.

2.2 Bahnänderungsmanöver

Nach dem Impulserhaltungssatz ist die Impulsänderung des Satelliten gleich dem Impuls des ausgestoßenen Treibstoffs

$$\Delta v_s m_s = -\Delta m_s v_T$$

oder

$$\Delta v_s = -\frac{\Delta m_s}{m_s} v_T \, . \tag{2.13}$$

Bei größerem Treibstoffverbrauch kann die Änderung der Satellitenmasse nicht vernachlässigt werden, d.h. es muß mit dem Differentialquotienten gerechnet werden

$$\int_{v_0}^{v_s} dv = -v_T \int_{m_s}^{m_s - m_T} \frac{dm}{m} \, .$$

m_T ist die zu jedem Zeitpunkt verbrauchte Treibstoffmenge. Durch Integration erhält man

$$\Delta v_s = v_T [\ln m_s - \ln (m_s - m_T)]$$

oder

$$m_{nach} = m_{vor} \exp(-\Delta v_s / v_T) \, . \tag{2.14}$$

Diese Gleichung wird Raketengrundgleichung oder Ziolkowski-Gleichung genannt. m_{vor} und m_{nach} stehen für die Gesamtmasse des Satelliten vor und nach dem Manöver, v_T ist die Ausstoßgeschwindigkeit (relativ zum Satelliten) des Treibstoffs und ist identisch mit dem spezifischen Impuls des Treibstoffs. Die korrekte Dimension für den spezifischen Impuls ist demnach m/s, obwohl in der Literatur meist inkorrekterweise die Dimension ‚s‘ angegeben wird.

Die (spezifische) Impulsänderung Δv_s wird zu der vorher ermittelten Satellitengeschwindigkeit addiert und ergibt die neue Geschwindigkeit. Wenn die Richtung beider Vektoren nicht zusammenfällt, muß vektoriell addiert werden. Bild 2.3 zeigt, daß v_1, v_2 und Δv_s ein ebenes Dreieck bilden. Man erhält mit Hilfe des cos-Satzes

$$v_2 = \sqrt{v_1^2 + \Delta v_s^2 - 2 v_1 \Delta v_s \cos \alpha}$$

und mit Hilfe des sin-Satzes

$$\sin \Delta \varphi = \frac{\Delta v_s}{v_2} \sin \alpha \, .$$

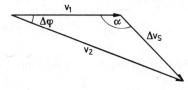

Bild 2.3. Vektorielle Darstellung des Geschwindigkeitsbedarfs bei Bahnänderungsmanövern

Nachdem v_2 berechnet und r erhalten geblieben ist, läßt sich der neue Drall h berechnen

$$h = rv \sin \sphericalangle (r,v).$$

Danach ermittelt man die Bahnparameter a (aus (2.12)), ε (aus (2.3) und (2.4)) und φ (aus (2.2)).

2.3 Bahnbestimmung

Die große Halbachse a und die Exzentrizität ε legen die Form der Satellitenbahn in der Bahnebene fest. Die wahre Anomalie φ bezeichnet die augenblickliche Position des Satelliten auf der Bahn. Im folgenden soll die Orientierung der Bahnebene in einem Bezugssystem definiert werden.

Bild 2.4 besteht aus drei Großkreisen auf der Erdoberfläche. Der erste Kreis ist der Äquator. Der zweite Kreis ist die Projektion der Sonnenbahn auf die Erdoberfläche. Der dritte Kreis ist die Projektion der Satellitenbahn auf die Erdoberfläche.

γ ist der Schnittpunkt der aufsteigenden Sonnenbahn mit der Äquatorebene. Er wird Frühlingspunkt genannt, weil die Sonne bei Frühlingsbeginn in dieser Richtung steht. γ ist der Bezugspunkt für die Bahnbestimmung des Satelliten. Ω ist die geographische Lage des aufsteigenden Knotens der Satellitenbahn mit Bezug zum Frühlingspunkt. i ist die Inklination der Bahnebene. ω ist der Winkelabstand des Perigäums bezogen auf den aufsteigenden Knoten der Bahnebene. Die Bahn des Satelliten wird demnach vollständig beschrieben durch sechs unabhängige Kenngrößen

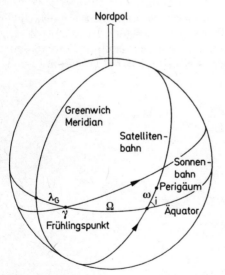

Bild 2.4. Orientierung der Bahnebene in einem Bezugssystem

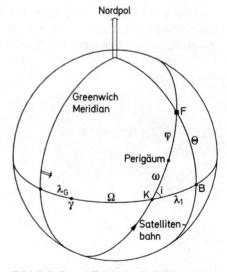

Bild 2.5. Darstellung der Bahnelemente

i = Inklination der Bahnebene,
Ω = Länge des aufsteigenden Knotens,
ω = Winkelabstand des Perigäums
ε = Exzentrizität
a = große Halbachse,
φ = wahre Anomalie.

Eine gleichwertige Methode besteht darin, den Radiusvektor vom Erdmittelpunkt zum Satelliten als Funktion der Zeit zu verwenden. Die Richtung des Radiusvektors wird am zweckmäßigsten durch die geographische Länge λ und Breite θ des auf die Erdoberfläche projezierten Bahnpunktes F festgelegt.

Bild 2.5 zeigt die Zusammenhänge zwischen den als bekannt angenommenen Bahnelementen Ω, ω, i, λ_G (dem augenblicklichen Winkel zwischen dem Greenwich-Meridian und dem Frühlingspunkt γ) mit den zu erwartenden Parametern θ und λ. K, B, F, ist ein sphärisches Dreieck, das folgende Beziehungen liefert

$$\sin\theta = \sin i \sin(\omega+\varphi),$$
$$\cos\lambda_1 = \frac{\cos(\omega+\varphi)}{\cos\theta},$$
$$\lambda = \lambda_1 + \Omega + \lambda_G. \qquad (2.15)$$

Wenn man ein raumfestes Bezugssystem wählt, gilt

$$\lambda_G = \lambda_{G0},$$

und man erhält als Projektion der Satellitenbahn nach Bild 2.5 einen Großkreis. Wählt man ein erdfestes Bezugssystem, so gilt

$$\lambda_G = \lambda_{G0} - 0{,}25068448 \; [°/\text{min}] \cdot t,$$

und man erhält nach Bild 2.6 eine im allgemeinen verschlungene Bahn, wie z.B. die hier zugrundeliegenden Hohmann-Übergangsbahn bei einem Start in Florida. Bild 2.7 zeigt dieselbe Bahn in kartographischer Projektion.

Bild 2.6. Dreidimensionale Darstellung der Bodenspur eines Satelliten

16 2 Bahndynamik

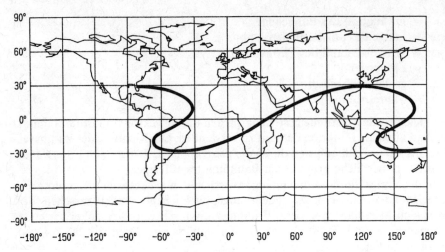

Bild 2.7. Zweidimensionale Darstellung der Bodenspur eines Satelliten

Bei der praktischen Bahnbestimmung geht man von geschätzen Parametern a, ε, i, φ, ω, Ω aus und berechnet Erwartungswerte für λ, θ, r als Funktion der Zeit. Diese Erwartungswerte werden mit den Meßwerten aller verfügbaren Bodenstationen verglichen und entsprechend verbessert, bis z.B. die Summe aller Fehlerquadrate minimal wird.

Reale Meßstationen liegen, wie Bild 2.8 zeigt, nicht im Erdinneren, sondern auf der Erdoberfläche und sind definiert durch geographische Länge λ_B, geographische Breite θ_B und Höhe über dem Meeresspiegel h_B. Sie messen den Abstand zum Satelliten l, den Azimutwinkel α (bezogen auf die Nordrichtung) und die Elevation δ.

Bild 2.8 zeigt, daß M, B, S ein ebenes Dreieck formen, wobei F auf der Geraden MS liegt. A, B, F formen ein sphärisches Dreieck. Mit Hilfe der ebenen und

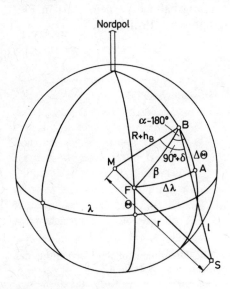

Bild 2.8. Geometrischer Zusammenhang Erde-Beobachtungsort-Satellit

sphärischen Trigonometrie lassen sich aus den gemessenen Größen l, α, δ die gesuchten Größen r, Δλ, Δθ errechnen

$$r = \sqrt{(R+h_B)^2 + l^2 + 2(R+h_B)l\sin\delta},$$

$$\sin\beta = \frac{l}{r}\cos\delta,$$

$$\sin\Delta\lambda = -\sin\alpha\sin\beta,$$

$$\cos\Delta\theta = \frac{\cos\beta}{\cos\Delta\lambda}. \tag{2.16}$$

Wenn aus den nominalen Bahnparametern zunächst mit Hilfe von (2.15) und (2.2) die Erwartungswerte von θ, λ, r und daraus die Erwartungswerte der jeweiligen Meßstation α, δ, l berechnet werden sollen, wird die Umkehrungsmatrix von (2.16) benötigt

$$\cos\beta = \cos\Delta\lambda\cos\Delta\theta,$$

$$l = \sqrt{r^2 + (R+h_B)^2 - 2r(R+h_B)\cos\beta},$$

$$\cos\delta = \frac{r}{l}\sin\beta,$$

$$\cos\alpha = \frac{\cos\beta\cos\Delta\theta - \cos\Delta\lambda}{\sin\beta\sin\Delta\theta}. \tag{2.17}$$

2.4 Kreisförmige Bahnen

Kreisförmige oder annähernd kreisförmige Bahnen sind ein Spezialfall der allgemein möglichen Kegelschnitte, die jedoch so häufig vorkommen, daß sie eine gesonderte Behandlung verdienen. Typische Beispiele sind die Planetenbahnen, die geostationäre Umlaufbahn und eine große Anzahl niedriger Umlaufbahnen, bei denen auf einen konstanten Abstand zur Erde Wert gelegt wird.

Der Vorteil liegt darin, daß die in Abschn. 2.1 abgeleiteten Gleichungen linearisiert werden können und damit den Rechenaufwand und das Verständnis wesentlich vereinfachen.

Bild 2.9a zeigt den Vergleich zwischen einer Kreisbahn und einer leicht elliptischen Bahn, die durch ihre Exzentrizität ε gekennzeichnet ist. Da die große Halbachse a für beide Bahnen den gleichen Wert hat, liegen die Bahnpositionen im Perigäum 1 und Apogäum 3 zusammen. In den Zwischenpositionen 2 und 4 kommt es zu Verschiebungen, die sich aus (2.7) berechnen lassen, wenn man φ = 90° einsetzt und die Gleichung nach ε differenziert. Daraus ergibt sich ein maximales Vor- bzw. Nacheilen der elliptischen Bahn von 2 εa.

Bild 2.9b zeigt dieselbe Situation für ein mitrotierendes Koordinatensystem, in dem der Satellit auf der Kreisbahn eine feste Position einnimmt. Er wird auf einer elliptischen Bahn von dem zweiten Satelliten umkreist und zwar im umgekehrten Drehsinn. Die beiden Halbachsen der Ellipse betragen εa für die kleinere und 2 εa für die größere Halbachse. Das entspricht einer geographischen Längenänderung von λ = ±2 ε über einen Umlauf.

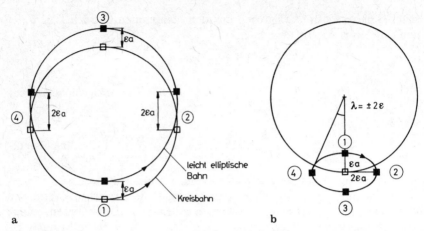

Bild 2.9a, b. Zusammenhang zwischen Kreisbahnen und leicht elliptischen Bahnen; **a** vom raumfesten Beobachter, **b** vom mitrotierenden Beobachter

Bild 2.10 zeigt den Einfluß einer spezifischen Impulsänderung Δv auf eine kreisförmige Bahn, die durch diesen Impuls sowohl ihre große Halbachse als auch ihre Exzentrizität verändert. Durch Differentiation von (2.11) nach a erhält man den Zusammenhang

$$\frac{\Delta a}{a} = 2\frac{\Delta v}{v}. \tag{2.18}$$

Aus der im Bild 2.10 dargestellten Geometrie ergibt sich

$$2\frac{\Delta a}{a} = 2\,\Delta\varepsilon$$

und damit

$$\Delta\varepsilon = 2\frac{\Delta v}{v}. \tag{2.19}$$

Gleichzeitig mit a verändert sich auch die Umlaufzeit. Eine Differentiation von (2.8) nach a ergibt

$$\frac{\Delta T}{T} = \frac{3}{2}\frac{\Delta a}{a}$$

und mit (2.18)

$$\frac{\Delta T}{T} = 3\frac{\Delta v}{v}. \tag{2.20}$$

Eine Impulsänderung senkrecht zur Bahnebene ergibt nach Bild 2.11 eine Inklinationsänderung von

$$\Delta i = \frac{\Delta v}{v}. \tag{2.21}$$

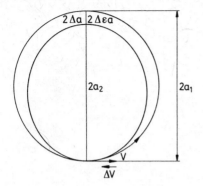

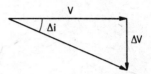

Bild 2.11. Inklinationsänderung

Bild 2.10. Einfluß einer spezifischen Impulsänderung auf einer kreisförmigen Bahn

Ein Sonderfall der Kreisbahnen ist die geostationäre Umlaufbahn, deren Umlaufzeit gleich einem siderischen Tag, also gleich 23 Stunden 56 Minuten ist. Aus (2.8) erhält man die zugehörige Halbachse a, die gleich dem Bahnradius r ist

$$a = r = 42\,164 \text{ km}.$$

Die Bahngeschwindigkeit läßt sich aus (2.12) berechnen

$$v = 3{,}075 \text{ km/s}.$$

Mit einem Triebwerksimpuls von $\Delta v = 1$ m/s kann man daher nach (2.18) bis (2.21) folgende Bahnänderungen erreichen

$$\Delta a = 27{,}4 \text{ km},$$

$$\Delta \varepsilon = 0{,}65 \cdot 10^{-3},$$

$$\Delta i = 0{,}325 \cdot 10^{-3} \text{ rad} = 0{,}019°,$$

$$\Delta T = 84 \text{ s} \triangleq 0{,}35°.$$

2.5 Interplanetare Flüge

Der Flug von der Erde zu einem Planeten ist streng genommen ein Vierkörperproblem, bei dem Sonne, Erde, Planet und Satellit beteiligt sind. Da eine geschlossene Lösung nur für Zweikörperprobleme vorliegt, unterteilt man den Flug nach Bild 2.12 in ausreichender Näherung in drei Phasen

1. Nahbereich der Erde,
2. Übergangsbahn,
3. Nahbereich des Planeten.

2.5.1 Nahbereich der Erde

Als Nahbereich oder Einflußbereich eines Planeten bezeichnet man einen kugelförmigen Raum um den Planeten mit dem Radius r_P, wobei r_P nach folgender empirischer Formel errechnet wird

$$r_P = r_s \left(\frac{\mu_P}{\mu_s} \right)^{0{,}4}. \tag{2.22}$$

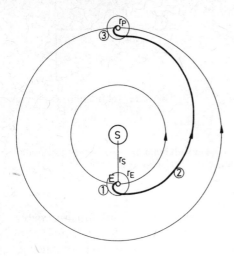

Bild 2.12. Prinzipielle Darstellung eines interplanetaren Fluges

Dabei gelten die in Tabelle 2.1 angegebenen Zahlenwerte.

Der Einflußbereich der Erde ist demnach 924 000 km, d.h. 145 Erdradien oder 0,6 % des Abstandes zur Sonne. Das für diesen Bereich gewählte Koordinatensystem ist heliozentrisch und rotiert mit der Umlaufgeschwindigkeit der Erde.

Um das Anziehungsfeld der Erde zu verlassen, muß die Raumsonde auf eine Geschwindigkeit jenseits der Fluchtgeschwindigkeit gebracht werden und gelangt dadurch auf eine hyperbolische Bahn, die in Bild 2.13 erläutert ist. Der Einschuß erfolgt am zweckmäßigsten tangential zur Erdoberfläche, wobei, soweit möglich, die Erdrotation als Anfangsgeschwindigkeit mit ausgenutzt wird. Damit liegen $r_E = 6\,378$ km, $\varphi = 0$ und die gewählte Anfangsgeschwindigkeit v_A fest. Die gesuchten Bahnparameter lassen sich folgendermaßen berechnen

$$h = r_E v_A \quad (\text{da } \varphi = 0),$$

$$p = \frac{h^2}{\mu_E} \quad (2.4),$$

$$\varepsilon = \frac{p}{r_E} - 1 \quad (\text{Bild 2.13}),$$

$$a = \frac{p}{1 - \varepsilon^2} \quad (2.3),$$

$$b = a\sqrt{\varepsilon^2 - 1} \quad (\text{Bild 2.13}),$$

$$\Phi = \arctan\left(\frac{a}{b}\right).$$

Die Raumsonde verläßt den Einflußbereich der Erde auf der Asymptote, deren Richtung gegenüber der Anfangsrichtung um Φ gedreht ist. Um die gewünschte Bahnrichtung für die Übergangsbahn zu erreichen, muß daher für das Startfenster ein entsprechender Vorhaltwinkel Φ gewählt werden. Die Fluggeschwindigkeit v_∞

Tabelle 2.1. Abstand von der Sonne und Gravitationskonstante der Planeten, Sonne und Erdmond

	r_s (10^6 km)	μ (km^3/s^2)
Sonne		$1{,}327 \cdot 10^{11}$
Merkur	57,8	$2{,}176 \cdot 10^4$
Venus	108,0	$3{,}249 \cdot 10^5$
Erde	149,5	$3{,}986 \cdot 10^5$
Mars	227,7	$4{,}293 \cdot 10^4$
Jupiter	777,3	$1{,}267 \cdot 10^8$
Saturn	1 428	$3{,}792 \cdot 10^6$
Uranus	2 871	$5{,}788 \cdot 10^6$
Neptun	4 498	$6{,}8 \;\cdot 10^6$
Pluto	5 904	$3{,}2 \;\cdot 10^5$
Mond		$4{,}887 \cdot 10^3$

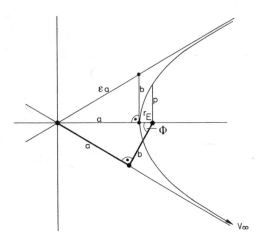

Bild 2.13. Hyperbolische Bahn

ist nun die sogenannte hyperbolische Überschußgeschwindigkeit, d.h. die Differenz zwischen der Anfangsgeschwindigkeit und der Fluchtgeschwindigkeit, bezogen auf das gewählte mitrotierende Koordinatensystem.

2.5.2 Übergangsbahn

Zur Berechnung der Übergangsbahn wird zunächst zweckmäßigerweise das Koordinatensystem gewechselt. Das neue System ist ebenfalls heliozentrisch, aber fixsternorientiert. Die Fluggeschwindigkeit der Raumsonde in diesem System erhöht sich daher um die Bahngeschwindigkeit der Erde um die Sonne, d.h. um 29,77 km/s.

Der Übergang von der Erdbahn zur Planetenbahn ist an sich frei wählbar. Der treibstoffoptimale Übergang zwischen zwei Kreisbahnen in derselben Bahnebene ist jedoch die sogenannte *Hohmann-Übergangsbahn*, die in Bild 2.14 dargestellt ist. Es handelt sich hierbei um eine elliptische Bahn, deren Perizentrum P Bahn 1 und deren Apozentrum A Bahn 2 tangiert. Die gesuchten Bahnparameter berechnen

2 Bahndynamik

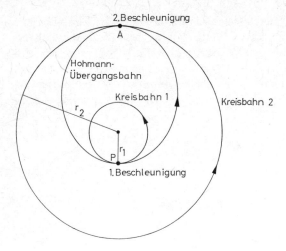

Bild 2.14. Hohmann-Übergangsbahn

sich folgendermaßen

$$a = \frac{r_1 + r_2}{2} \quad (\text{Bild 2.14}),$$

$$v_P = \sqrt{\mu\left(\frac{2}{r_1} - \frac{1}{a}\right)}$$

$$v_A = \sqrt{\mu\left(\frac{2}{r_2} - \frac{1}{a}\right)}. \quad (2.12),$$

2.5.3 Nahbereich des Planeten

Im Nahbereich des Zielplaneten wird zunächst wieder das Koordinatensystem gewechselt. Das neue System ist heliozentrisch und rotiert mit der Umlaufgeschwindigkeit des Zielplaneten. Von der Bahngeschwindigkeit der Sonde im Apozentrum wird daher zunächst die Bahngeschwindigkeit des Zielplaneten abgezogen. Die entsprechenden Zahlenwerte sind in Tabelle 2.2 angegeben.

Tabelle 2.2. Bahngeschwindigkeit der Planeten

Planet	v (km/s)
Merkur	47,83
Venus	35,00
Erde	29,77
Mars	24,22
Jupiter	13,0
Saturn	9,6
Uranus	6,8
Neptun	5,4
Pluto	4,7

2.5 Interplanetare Flüge

Die Differenz ist die Eintrittsgeschwindigkeit der Sonde in den Einflußbereich des Zielplaneten. Grundsätzlich gilt, daß die Sonde den Einflußbereich mit derselben Geschwindigkeit wieder verläßt, wenn sie nicht vorher gebremst wird.

Beim Eintritt in den Einflußbereich des Zielplaneten ist neben der Eintrittsgeschwindigkeit v_∞ der Abstand der augenblicklichen asymptotischen Flugrichtung vom Zielplaneten, also die kleine Halbachse b, bekannt. Daraus lassen sich die gesuchten Bahnparameter berechnen

$$a = \frac{\mu}{v_\infty^2} \qquad ((2.12) \text{ für } r\to\infty),$$

$$\Phi = \arctan\left(\frac{a}{b}\right) \qquad (\text{Bild 2.13}),$$

$$\varepsilon^2 = \frac{a^2+b^2}{a^2} \qquad (\text{Bild 2.13}),$$

$$r_P = (\varepsilon-1)a \qquad (\text{Bild 2.13}),$$

$$v_P = \sqrt{\mu\left(\frac{2}{r_P} - \frac{1}{a}\right)} \qquad (2.12).$$

Wenn kein Bremsmanöver (oder passive Bremsung durch atmosphärische Reibung) erfolgt, verläßt die Sonde den Einflußbereich des Planeten mit derselben Geschwindigkeit wie beim Eintritt in einer Richtung, die gegenüber der Eintrittsrichtung um 2Φ gedreht ist. Durch entsprechende Wahl von b läßt sich Φ beeinflussen. Diese Technik wird zur Bahnänderung ohne Treibstoffverbrauch verwendet.

Soll der Zielplanet in einer geschlossenen Bahn umflogen werden, so wird gewöhnlich ein Bremsmanöver im Perigäum ausgeführt. Zur Klarstellung: Ob dieses Manöver Brems- oder wie in Bild 2.14 Beschleunigungsmanöver genannt wird, hängt vom gewählten Koordinatensystem ab. Im sternfesten Koordinatensystem (Bild 2.14) überholt die Einflußsphäre die Raumsonde, die daraufhin *beschleunigt* werden muß, um nicht den Anschluß zu verlieren. Die angestrebte Zielgeschwindigkeit errechnet sich aus (2.12). Der benötigte Impuls Δv ist umso größer, je näher das Perigäum beim Zielplaneten liegt. Tabelle 2.3 stellt für

Tabelle 2.3. Überschußgeschwindigkeit und Eintrittsgeschwindigkeit

Planet	Δv_1 (km/s)	Δv_2 (km/s)
Merkur	7,54	9,71
Venus	2,48	2,77
Mars	2,95	2,73
Jupiter	8,8	7,42
Saturn	10,3	5,4
Uranus	11,31	4,66
Neptun	11,68	4,02
Pluto	12,33	0

verschiedene Planetenmissionen die minimal erforderliche Überschußgeschwindigkeit Δv_1 beim Verlassen des Erdfeldes und die minimale Eintrittsgeschwindigkeit Δv_2 beim Erreichen des Planetenfeldes zusammen.

Man erkennt unmittelbar, daß Venus und Mars verhältnismäßig leicht zu erreichen sind, während alle übrigen Missionen sehr treibstoffintensiv sind.

2.5.4 Startfenster

Eine zusätzliche Bedingung für eine erfolgreiche Planetenmission besteht darin, daß nicht nur die Planetenbahn erreicht wird, sondern daß zum Zeitpunkt des Eintreffens auch der Zielplanet an der gewünschten Position auf seiner Bahn steht.

Bild 2.15 zeigt im fixsternfesten Koordinatensystem die Position der Sonde und des Zielplaneten zum Zeitpunkt 1 des Starts und 2 des Zusammentreffens. Am einfachsten läßt sich der gesuchte Vorhaltwinkel α berechnen, wenn die Laufzeit der Sonde T_S und die Umlaufzeit des Zielplaneten T_P bekannt sind.

Tabelle 2.4 stellt die entsprechenden Zahlenwerte zusammen.

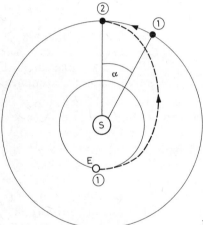

Bild 2.15. Startfenster bei interplanetaren Flügen

Tabelle 2.4. Laufzeit der Sonde und Umlaufzeiten der Planeten

Planet	T_S (a)	T_P (a)	α
Merkur	0,29	0,24	435°
Venus	0,40	0,62	232°
Mars	0,71	1,88	136°
Jupiter	2,73	11,86	83°
Saturn	6,06	29,46	74°
Uranus	16,05	84,02	69°
Neptun	30,64	164,79	67°

3 Bahnstörungen

3.1 Abplattung der Erde

Durch die Abplattung der Erde wird einmal die Länge des aufsteigenden Knotens Ω der Umlaufbahn, zum anderen der Winkelabstand des Perigäums ω beeinflußt. Der Einfluß auf Ω ist folgendermaßen

$$\dot{\Omega} = \left(\frac{R}{a}\right)^{3,5} \cdot \frac{\cos i}{(1-\varepsilon^2)^2} \cdot 9{,}96 \ (°/d) \ .$$

R ist der Erdradius. Bei geeigneter Wahl der Inklination i, der Exzentrizität ε und der großen Halbachse a läßt sich eine Bahndrehungsrate von 0,9856 °/d erreichen; die sogenannte sonnensynchrone Bahn, die z.B. für Erdbeobachtungssatelliten von Bedeutung ist. Für eine kreisförmige Bahn ($\varepsilon = 0$) ergibt sich der Zusammenhang

$$\cos i = -0{,}0987 \left(\frac{a}{R}\right)^{3,5} .$$

Der Einfluß auf ω ist

$$\dot{\omega} = \left(\frac{R}{a}\right)^{3,5} \cdot \frac{5\cos^2 i - 1}{(1-\varepsilon^2)^2} \cdot 4{,}98 \ (°/d) \ .$$

Der Störeinfluß läßt sich bei geeigneter Wahl von i ausschalten, d.h. für $i = 63{,}435°$ wird

$$5\cos^2 i - 1 = 0 \ .$$

3.2 Ungleichförmige Massenverteilung der Erde

Die ungleichförmige Massenverteilung auf der Erde bewirkt unterschiedliche Beschleunigung der Umlaufbahn, abhängig von der jeweiligen Satellitenposition. Dies ist vor allem störend bei geostationären Satelliten.

Wird die Störung nicht kompensiert, so pendelt der Satellit um einen der zwei stabilen Nullpunkte mit einer Periode von typischerweise mehreren Monaten. Während dieser Zeit pulsiert die Halbachse a im gleichen Rhythmus, während alle übrigen Bahnparameter unbeeinflußt bleiben.

3.3 Gravitationseinflüsse von Sonne und Mond

Ein Satellit in Sonnen- (oder Mond-) Nähe wird stärker angezogen als am gegenüberliegenden sonnen- (oder mond-) fernen Bahnpunkt. Ist die Satelliten-

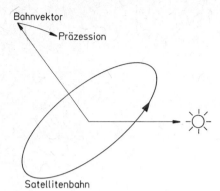

Bild 3.1. Präzession der Satellitenbahn

bahn gegenüber der Sonnen- (oder Mond-) Bahn geneigt, so präzediert die Satellitenbahn, wie in Bild 3.1 gezeigt, senkrecht zur Sonnen- (oder Mond-) Richtung mit einer Präzessionsrate, die vom jeweiligen Stand der Sonne zum Mond abhängt.

3.4 Sonnendruck

Im Nominalabstand der Erde von der Sonne von 1 AE = $1{,}496 \cdot 10^{11}$ m strahlt die Sonne mit einer Energiedichte von S = 1 372 W/m². Wird dieser Energiefluß durch den Satellitenkörper von Lichtgeschwindigkeit auf Null abgebremst, so ergibt sich über den Impulssatz ein Sonnendruck p_S von

$$p = \frac{S}{c} = 0{,}46 \cdot 10^{-5} \text{ N/m}^2,$$

wobei c = 299 793 km/s die Lichtgeschwindigkeit darstellt. Wird das Sonnenlicht nicht nur abgebremst, sondern reflektiert, so erhöht sich der Sonnendruck entsprechend um den Reflexionsfaktor r

$$p_{eff} = (1+r)p.$$

Bei äquatorialen Bahnen bewirkt der Sonnendruck eine Änderung der Exzentrizität ε, die proportional zur projizierten Fläche A und umgekehrt proportional zur Satellitenmasse m ist. Wird diese Bahnstörung nicht kompensiert, so bleibt die Amplitude der Exzentrizität begrenzt, da die Sonne im Jahreswechsel ihre Richtung ändert. Die mittlere Exzentrizität für eine geostationäre Umlaufbahn ist

$$\varepsilon = 0{,}011 \, \frac{A}{m}.$$

Typische Werte von A/m liegen bei 0,05 m²/kg, so daß die maximale Exzentrizität zwischen $0{,}5 \cdot 10^{-3}$ und $0{,}6 \cdot 10^{-3}$ liegt. Die zugehörige tägliche Ost-West-Schwingung beträgt

$$\Delta\lambda = \pm 2\varepsilon \cong \pm 0{,}06° \text{ bis } 0{,}07°.$$

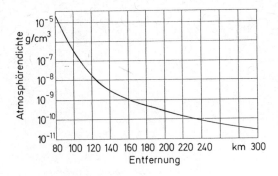

Bild 3.2. Atmosphärendichte über der Erde als Funktion der Bahnhöhe

3.5 Restatmosphäre

Bild 3.2 zeigt die Luftdichte ϱ über der Erde als Funktion der Höhe über der Erdoberfläche. Dadurch entsteht eine Bremskraft B von

$$B_K = \frac{1}{2} C_w \varrho v^2 A.$$

Dabei ist A die Stirnfläche des Satelliten und C der Widerstandsbeiwert. Die Größenordnung des Widerstandsbeiwertes liegt bei Satelliten zwischen 2 und 2,5.

4 Satellitenkonfiguration

Die Konfiguration bzw. die Auslegung eines Satelliten wird im wesentlichen durch die zu erfüllende Aufgabe/Mission und das dafür vorgesehene Trägersystem beschrieben. In den nachfolgenden Abschnitten werden die für den Satellitenentwurf charakteristischen Parameter der Trägersysteme, wobei eine Beschränkung auf die ARIANE 4-Familie und das SPACE TRANSPORTATION SYSTEM mit seinen wichtigsten Oberstufen erfolgt, vorgestellt und die daraus resultierenden Entwurfskriterien für das Gesamtsystem Satelliten erläutert.

Des weiteren wird ein Überblick gegeben bezüglich der verschiedenen Untersysteme/Baugruppen eines Satelliten und ihrer vielfältigen Schnittstellen untereinander

4.1 Interface: Satellit — Trägersystem

4.1.1 Ariane 4

Ab Mitte 1988 steht in Europa die ARIANE 4-Familie als Trägersystem zur Verfügung. Bild 4.1 zeigt die sechs Varianten (AR40 bis AR44L), die sich

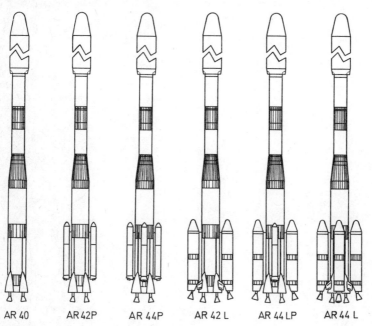

Bild 4.1. ARIANE 4-Familie

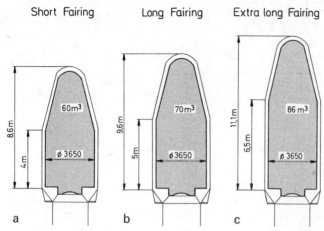

Bild 4.2a–c. Drei verschiedene Nutzlastraumabmessungen für den Einfachstart; **a** 01 ("Short Fairing"), **b** 02 ("Long Fairing"), **c** 03 ("Extra Long Fairing")

lediglich durch die Zahl zusätzlicher Feststoff- oder Flüssigtreibstoff-Booster unterscheiden. Die charakteristischen Daten dieses Trägersystems können dem „ARIANE 4 – Users Manual" entnommen werden, das potentiellen Nutzern/Kunden von der Herstellerorganisation „ARIANESPACE" zur Verfügung gestellt wird. An dieser Stelle sollen nur – auszugsweise – die wesentlichsten Parameter vorgestellt werden.

Es stehen drei verschiedene Nutzlasträume (Fairings) zur Verfügung, die sich lediglich in der Bauhöhe (8,6 bis 11,1 m) unterscheiden (Bild 4.2). Sie bieten sich zunächst für den Start eines einzelnen relativ großen Satelliten an, einen sog. „Einfachstart".

Die ARIANE bietet aber auch die Möglichkeit eines „Doppelstarts". Hierzu sind entsprechende zusätzliche Vorrichtungen (SYLDA, SPELDA) notwendig, die einen Satelliten aufnehmen und einen weiteren tragen können. In Bild 4.3 sind die entsprechenden Nutzlastraumkonfigurationen gezeigt.

Die Vielzahl von Alternativen

- ARIANE 40 bis 44L,
- kurzes/langes/extra langes Fairing,
- Einfachstart/Doppelstart
- kurzes/langes SPELDA,

bietet die Möglichkeit der Wahl eines nahezu optimalen Trägersystems.

In Tabelle 4.1 sind die charakteristischen Leistungsdaten der ARIANE 4-Familie am Beispiel des „Geostationären Transfer Orbit" (GTO) zusammengefaßt.

Diese Werte beinhalten die Masse

- des Satelliten,
- der Doppelstartvorrichtung (bei Doppelstart),
- des/der Adapter.

4 Satellitenkonfiguration

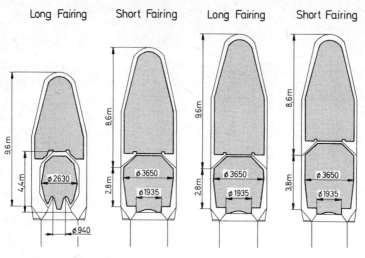

a Sylda 4400   b Short Spelda   c Short Spelda   d Long Spelda

Bild 4.3a–d. Vier verschiedene Nutzlastraumabmessungen für den Doppelstart; **a** 021 ("Long Fairing" + "Sylda"), **b** 11 ("Short Fairing" + "Short Spelda"), **c** 12 ("Long Fairing" + "Short Spelda"), **d** 21 ("Short Fairing" + "Long Spelda")

Tabelle 4.1. Leistungsdaten der ARIANE 4

Konfigurationen	GTO-Kapazität (kg)
AR 40	1 900
AR 42 P	2 600
AR 44 P	3 000
AR 42 L	3 200
AR 44 LP	3 700
AR 44 L	4 200

Sie beziehen sich auf einen „klassischen" Transferorbit mit folgenden Bahndaten
- Inklination $\quad i = 7°$,
- Perigäum: $\quad h_P = 200$ km,
- Apogäum: $\quad h_A = 35\,975$ km,
- Winkelabstand des Perigäums: $\omega = 178°$.

Das direkte Interface zwischen Satellit und Träger stellt generell ein Adapter dar. Dieser kann vom Nutzlasthersteller beigestellt oder entwickelt werden, es kann aber auch ein „ARIANE Standard Adapter" verwendet werden; von letzterem sind drei Varianten z.Zt. verfügbar, die sich lediglich im Durchmesser unterscheiden: $\varnothing$ 937 mm, $\varnothing$ 1 194 mm, $\varnothing$ 1 497 mm.

Diese Adapter sihd auch bei Benutzung der Doppelstartvorrichtungen vorzusehen.

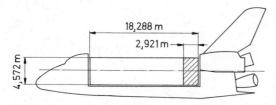

Bild 4.4. Nutzlastraum des SPACE SHUTTLE

4.1.2 Space Transportation System (STS)

Das amerikanische SPACE TRANSPORTATION SYSTEM besteht aus dem Hauptelement, dem SPACE SHUTTLE, und einer Vielzahl verschiedener Oberstufen, die Satelliten auf den Transfer zur jeweiligen Zielbahn befördern. Der SPACE SHUTTLE wäre somit — im weitesten Sinn — mit einer zweistufigen Rakete vergleichbar, während die dritte Stufe wiederum der STS-Oberstufe entspräche.

Die Abmessungen des Nutzlastraums (Cargo Bay) des SPACE SHUTTLE sind in Bild 4.4 dargestellt. Die Gesamt-Nutzlastkapazität läßt sich wie folgt beschreiben

- Verfügbares Volumen (zylindrisch): $300 \, m^3$,
- Nutzlastdichte: $98 \, kg/m^3$,
- Nutzlastmasse: ca. $29\,000 \, kg$.

Die Startkapazität des SPACE TRANSPORTATION SYSTEM ist abhängig von dem Einsatz der jeweiligen Oberstufe. Zur Zeit befinden sich im Einsatz

- PAM-D,
- PAM-DII,
- PAM-A,
- IUS

und in der Entwicklung

- AMS/TOS,
- SCOTS,
- HPPM.

In Tabelle 4.2 sind die wesentlichsten Leistungscharakteristika dieser Stufen (Abmessungen, Masse, GTO-Kapazität) zusammenfassend dargestellt.

Die für den Satellitenentwurf wesentlichen Rahmenanforderungen unterscheiden sich bei den einzelnen Oberstufen nicht unerheblich. Sie sind daher im folgenden kurz erläutert. Weitere Details können jeweils dem vom Hersteller zur Verfügung gestellten „Users Manual" entnommen werden.

PAM-D

Der „Payload Assist Module" der DELTA-Klasse (Hersteller McDAC) wird im Nutzlastraum des SPACE SHUTTLE in vertikaler Lage untergebracht. Seine Antriebseinheit ist der STAR 48-Motor von Thiokol. Bei der Satellitenauslegung ist zu berücksichtigen, daß zwei Varianten von Sonnenzelten (notwendig bei geöffneter Cargo Bay) angeboten werden. Sie sind in Bild 4.5 dargestellt.

Das Leistungsspektrum der PAM-D-Stufe liegt bei 1 052 bis 1 247 kg (GTO).

4 Satellitenkonfiguration

Tabelle 4.2. Leistungsdaten der STS-Oberstufen

Oberstufe	Länge (m)	Masse (kg)	Durch- messer (m)	GTO Kapazität (kg)	GEO Kapazität (kg)
PAM-D	1,91	2 177	1,24	1 247	635
PAM-DII	1,91	3 723	1,60	1 842	1 000
PAM-A	2,31	3 856	1,32	2 000	1 000
IUS	5,00	14 740	2,90	–	2 270
AMS/TOS	5,17	15 715	3,43	–	2 948
SCOTS	2,69	4 600[a]	1,60	2 664	1 433
HPPM	1,47	7 755	3,78	–	1 355

[a] geschätzt

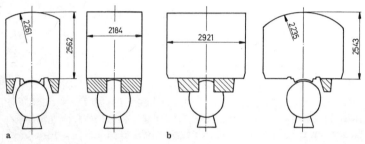

Bild 4.5a, b. STS-PAM-D, Nutzlastraumabmessungen; **a** Standard-Sonnenzelt, **b** Großes Sonnenzelt

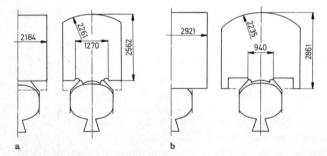

Bild 4.6a, b. STS-PAM-D II, Nutzlastraumabmessungen; **a** Standard-Sonnenzelt, **b** Großes Sonnenzelt

PAM-DII

Diese Stufe stellt eine leistungsstärkere Variante der PAM-D-Stufe dar. Sie verwendet den STAR 62-Motor (Thiokol), ihr Leistungsbereich (GTO) liegt bei 1 588 bis 1 842 kg. Die „Einbau"-Parameter, d.h. die Nutzlastraumabmessungen für das Standard-/Große Sonnenzelt sind in Bild 4.6 zusammengefaßt.

4.1 Interface: Satellit – Trägersystem   33

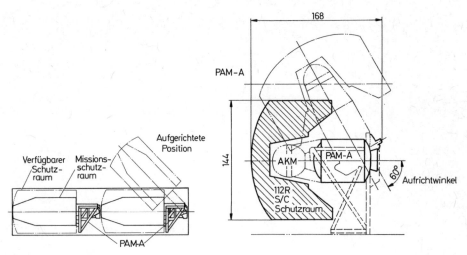

Bild 4.7a, b. STS-PAM-A; **a** Lage im SPACE SHUTTLE, **b** Nutzlastraumabmessungen

PAM-A

Die PAM-Stufe der ATLAS-Klasse wird innerhalb des SPACE SHUTTLE in horizontaler Lage angeordnet. Hersteller ist — wie beim PAM-D — ebenfalls McDAC. Ihre GTO-Kapazität liegt bei 2 000 kg, die wichtigsten Rahmendaten (Interface zum Satelliten) können Bild 4.7 entnommen werden.

IUS

Auch die „Inertial Upper Stage" (Hersteller Boeing) wird horizontal im SPACE SHUTTLE gelagert. Sie unterscheidet sich von den PAM-Stufen jedoch dadurch, daß sie ein zweistufiges System ist, d.h., daß sie sowohl den Perigäums- als auch den Apogäumseinschuß eines Satelliten durchführen kann. Ihre Stabilisierungsart im Transferorbit ist die Dreiachsenstabilisierung (PAM-Stufen sind spinstabilisiert). Die Abmessungen der IUS-Stufe können Bild 4.8 entnommen werden, ihre Transferkapazität in den *GEO-Orbit* liegt bei 2 268 kg.

AMS/TOS

Die „Apogee Manoeuvering Stage/Transfer Orbit Stage" (Hersteller Martin Marietta) wird horizontal im SPACE SHUTTLE untergebracht. Beide Stufen können gemeinsam als Perigäum-/Apogäumsystem benutzt werden, sie sind aber auch getrennt als Perigäums- bzw. Apogäumsantrieb einsetzbar. Ihr prinzipieller Aufbau ist in Bild 4.9 dargestellt, sie werden dreiachsenstabilisiert; der Treibstoff ist flüssig (AMS) bzw. fest (TOS).

SCOTS

Das „Shuttle Compatible Transfer Subsystem" (Hersteller RCA) ist als Perigäumssystem für RCA-Satelliten der „Serie 4000" in der Entwicklung, es kann aber auch für andere Satelliten benutzt werden. Der Antrieb besteht aus dem STAR 63-Motor (Thiokol), der hier horizontal im Space Shuttle gelagert wird, er ist

34   4 Satellitenkonfiguration

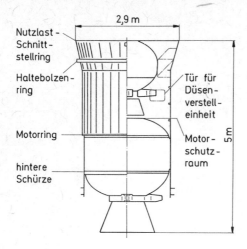

Bild 4.8. IUS-Oberstufe, Abmessungen

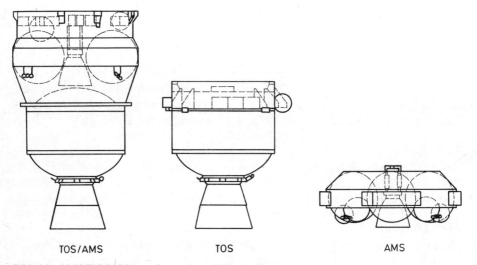

Bild 4.9. AMS/TOS-Oberstufen, prinzipieller Aufbau

spinstabilisiert, unterscheidet sich jedoch von den PAM-D-Stufen darin, daß die Stabilisierung, Energieversorgung und Steuerung im Transfer vom Satelliten durchgeführt wird und nicht autonom von der Perigäumsstufe.

Das Leistungsspektrum dieser Stufe wird mit 1 895 bis 2 664 kg (GTO) angegeben, die Anordnung im SPACE SHUTTLE kann Bild 4.10 entnommen werden.

HPPM

Der „High Performance Propulsion Module" (Hersteller FORD) besteht aus zwei achteckigen Tanks in Thorusform für den Perigäums- und Apogäumsimpuls, die vertikal im SPACE SHUTTLE integriert werden. Das System ist jedoch auch

4.1 Interface: Satellit – Trägersystem

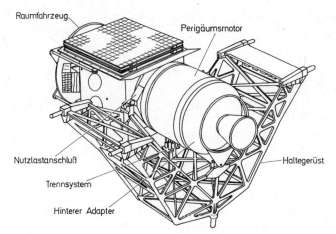

Bild 4.10. SCOTS-Oberstufe

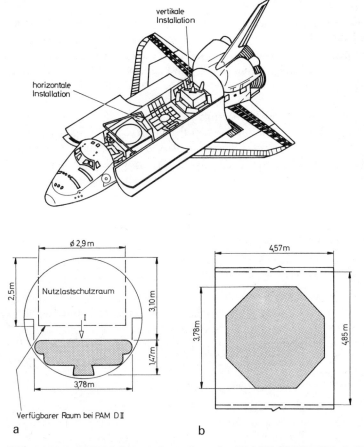

Bild 4.11a, b. HPPM-Oberstufen; **a** Lage im SPACE SHUTTLE, **b** Abmessungen

als „reiner" Perigäumsantrieb einsetzbar, der Transferorbit ist dreiachsenstabilisiert. Die Hauptabmessungen und Einbaucharakteristiken im SPACE SHUTTLE sind in Bild 4.11 zusammengefaßt.

4.2 Das System „Satellit"

4.2.1 Aufbau eines Satelliten

Ein Satellit ist ein relativ komplexes technisches System, das sich aus einer Vielzahl von Elementen (= Untersystemen) zusammensetzt, deren einwandfreies Zusammenwirken für den Betrieb des Raumflugkörpers eine grundlegende Voraussetzung darstellt (Bild 4.12).

Das zentrale Element des Satelliten ist die Nutzlast, die durch die jeweilige Mission charakterisiert wird, und deren Aufgabenstellung und Auslegung weitestgehend die Konfiguration und den Aufbau des Satelliten beinflussen. Art, Umfang und Erfordernisse der Nutzlast stehen am Anfang der Überlegungen zur Ausführung der anderen Satellitenuntersysteme, deren einzige Aufgabe darin liegt, den Betrieb der Nutzlast sicherzustellen; sie werden deshalb allgemein als Servicesysteme bezeichnet.

Da diese Service-Elemente bei verschiedenen Satelliten trotz unterschiedlicher Missionsziele sehr ähnlich sein können und sie somit standardisierbar werden, hat sich in der Vergangenheit — insbesondere bei den Nachrichtensatelliten — die sogenannte „modulare Bauweise", d.h. die Trennung in Nutzlast- und Service-Modul, durchgesetzt. Sie ermöglicht den Einsatz eines Standardsatellitenbuses für verschiedene Satellitennutzlasten.

Innerhalb der Satellitenplattform verfügt jedes Untersystem über — unterschiedlich stark ausgeprägte — Schnittstellen (= Interfaces) zu allen anderen Untersystemen und beeinflußt somit auch die Auslegung dieser Systeme. Bei jedem Projekt stellt die Schnittstellendefinition (Schnittstellenmanagement!) einen wesentlichen Aufgabenbereich dar, der einen erheblichen Aufwand verursacht.

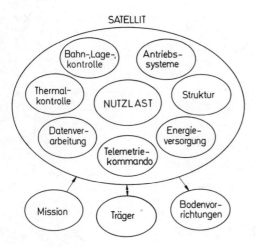

Bild 4.12. Satelliten-Untersysteme

In den folgenden Abschnitten werden in kurzer Form
- Aufgaben und Auslegungsparameter

der einzelnen Satelliten-Service-Untersysteme und die
- Schnittstellenproblematik

näher behandelt.

4.2.2 Untersysteme

Die verschiedenen Satellitenteilsysteme werden in den Kapiteln 5 bis 10 ausführlich erläutert, sie sollen daher an dieser Stelle — in zusammenfassender Form — nur stichwortartig bezüglich

- Aufgabe/Zweck,
- Auslegungskriterien,
- Baugruppen

behandelt werden.

Struktur

- Aufgabe
  - Gerüst zur Montage aller Baugruppen und Komponenten
- Auslegungskriterien
  1. Konfiguration:
     - Stabilisierung
     - Orientierung
     - Akkommodation der Nutzlast und Untersysteme
     - Zugänglichkeit aller Komponenten
  2. Mechanische Eigenschaften:
     - Belastungen
     - Schwerpunktslage
     - Trägheitsmomente
     - Material
     - Schwingungsverhalten
     - Steifigkeit
  3. Thermale Eigenschaften:
     - Abstrahlflächen
     - Thermische Entkopplung
  4. Elektromagnetische Eigenschaften:
     - Oberflächen-Leitfähigkeit
     - Erdung
     - Isolation
     - Magnetische Reinheit
- Baugruppen
  - Zentralrohr
  - Gitterstruktur
  - Plattformen

- Ausleger
- Mechanismen
- Trennungsvorrichtungen

Energieversorgung

- Aufgabe
  - Erzeugung und Verteilung elektrischer Energie im erforderlichen Umfang, in jeder Missionsphase an alle Service- und Nutzlast-Elemente

- Auslegungskriterien
  1. Energiebedarf:
     - Nutzlast
     - Service-Systeme
     - Schattenphasen (Zeiten, Dauer)
     - Missionsphasen
  2. Energieerzeugung:
     - Energiequellen
     - Batterien
  3. Energieaufbereitung/-verteilung:
     - Spannungen
     - AC/DC
     - Regelung

- Baugruppen
  - Primärenergieerzeuger
  - Batterien
  - Energieaufbereitung
  - Energieverteilung

Telemetrie/-kommando

- Aufgabe
  - Aufbereitung und Übertragung von Zustandsdaten des Satelliten an die Bodenstation (Telemetrie)
  - Empfang und Verteilung von Instruktionen der Bodenstation an die Satelliten-Untersysteme (Telekommando)

- Auslegungskriterien
  1. Datenanfall:
     - Zahl der Meßstellen
     - Zahl der Kanäle
     - Meßintervalle
  2. Datenaufbereitung/-verarbeitung:
     - Speicherkapazitäten
     - Multiplexverfahren
  3. Übertragungsverfahren:
     - Frequenzbänder
     - Modulation
     - Kodierung

4. Systemauslegung:
   − Sende-/Empfangsleistungen
   − Antennen
- Baugruppen
  − Antennen und Speisesystem
  − Sender/Empfänger
  − Datenspeicher
  − Datenaufbereitung
  − Verstärker

Thermalkontrolle

- Aufgabe
  − Kontrolle und Einhaltung der Temperaturgrenzen der verschiedenen Baugruppen während aller Missionsphasen
- Auslegungskriterien
  1. Konfiguration:
     − Satellitenkonfiguration
     − Layout dissipierender Baugruppen
     − Temperaturgrenzen
     − Materialien (Leitwerte)
     − Emission/Absorption
     − Stabilisierungsart
  2. Umweltbedingungen:
     − Missionsphasen
     − Sonnen-/Schattenseiten
     − Sichtwinkel (Sonne/Erde)
- Baugruppen
  − Passive Systeme (Isolationsmatten/Radiatoren)
  − Aktive Systeme (Heizer, Meßfühler)

Bahn- und Lagekontrolle

- Aufgabe
  − Einhaltung der vorgegebenen Bahn- und Lageparameter
- Auslegungskriterien
  1. Orientierungskonzept:
     − Erde, Sonne, Sterne
  2. Stabilisierungskonzept:
     − Gravitationsgradient
     − Magnetfeld
     − Spinstabilisierung
     − Dreiachsenstabilisierung
  3. Störmomente:
     − äußere/innere Beeinflussung
  4. Lageregelungskonzept

- Baugruppen
  - Sensoren
  - Dämpfer
  - Regelelektronik
  - Stellglieder

Antriebssysteme

- Aufgabe
  - Durchführung aller Bahn- und Lageänderungsmanöver

- Auslegungskriterien
  1. Antriebsbedarf:
     - Transfer
     - Bahnkontrolle
     - Lagekontrolle
  2. Antriebskonzept:
     - Feststoffmotor
     - Kaltgassystem
     - Heißgassystem
     - Elektrische Triebwerke
  3. Treibstoffbedarf

- Baugruppen
  - Tanks
  - Rohrleitungen und Ventile
  - Triebwerke

4.2.3 Schnittstellen

Anhand der obengenannten Auslegungskriterien wird leicht ersichtlich, daß es nicht möglich ist, ein einzelnes Untersystem ohne ständige Rückkopplung zu den anderen Untersystemen auszulegen. Hieraus resultiert, daß die Schnittstellenabstimmung zwischen den einzelnen Teilsystemen sowohl in technischer Hinsicht als auch für das Projektmanagement eine der Hauptaufgaben darstellt. Ein intensiver Datenaustausch sowohl während der Systemauslegung, wie auch während der Projektrealisierung ist eine unabdingbare Voraussetzung für eine effiziente Problemlösung. Allgemein betrachtet beinhalten n Untersysteme $n(n-1)/2$ Schnittstellen; bei den in Bild 4.12 dargestellten Teilsystemen resultieren somit insgesamt 28 Schnittstellen/Interfaces der folgenden Arten:

- Räumlich   Anordnung, Sichtwinkel, Abschaltung;
- Mechanisch   Vibration, Schock;
- Thermisch   Dissipation, Wärmefluß;
- Elektrisch   Strombedarf, Spannungen;
- Magnetisch   Permanente und Wechselfelder;
- Elektromagnetisch Interferenz, Rückkopplung;
- Datenraten   Formate, Bitraten.

Neben diese technische Abstimmungsproblematik tritt noch das Problem der Koordination zwischen den einzelnen Teilsystementwicklern, da derartige Großprojekte zumeist nicht national und schon gar nicht von einer einzigen Firma (in Europa!) realisiert werden können. Hierbei sind neben den zeitlichen, räumlichen und sprachlichen Problemen auch die Unterschiede in den technischen Standards und Normen der verschiedenen Länder zu berücksichtigen.

5 Struktur

5.1 Statische und dynamische Lastannahmen

Während ihres Einschusses in die Zielbahn sind Satelliten verschiedenen statischen und dynamischen Belastungen durch das jeweilige Trägersystem ausgesetzt, die entweder durch den Träger selbst z.B. bei Schubaufbau oder -abbau oder durch aerodynamische Kräfte entstehen können. Sie werden kombiniert durch die sog. „quasi-statischen Lasten" berücksichtigt.

Die entsprechenden Daten sind für die verschiedenen Trägersysteme in sogenannten „Interface-Dokumenten" (Launcher Interface Document) zusammengefaßt, die bei den Trägerherstellern erhältlich sind.

Belastungen können z.B. sein

- *Zufallsschwingungen (random vibrations)*. Sie können durch bewegte mechanische Teile, z.B. Turbopumpen, durch Schubschwankungen und/oder durch akustisch angeregte Strukturteile erzeugt werden. Diese Schwingungen werden über die Trägerstruktur auf die Nutzlaststruktur übertragen.
- *Akustische Schwingungen*. Sie werden durch den Triebwerkslärm und durch Geräusche, die durch die aerodynamische Grenzschichtreibung entstehen, erzeugt.
- *Stöße (shocks)*. Die Nutzlast ist Schockbelastungen während des Abtrennens des Fairings und während der Trennung von der letzten Trägerstufe ausgesetzt. Die höchsten Level werden hier bei der Nutzlasttrennung vom Träger erreicht.

5.2 Strukturbauteile

5.2.1 Bauteile

Entsprechend ihrer Belastungsrichtung werden folgende Strukturbauteile unterschieden

- Stäbe,
- Balken,
- Flächentragwerke.

Stäbe (Bild 5.1)
Stäbe sind dadurch charakterisiert, daß die Länge groß ist gegenüber Breite und Höhe.

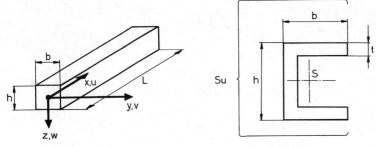

Bild 5.1. Stäbe **Bild 5.2.** Balken

Bei Belastungen in Richtung der Längsachse x (Zug oder Druck) gilt die Bedingung für die Normalkraft N

$$N = \int \sigma_x dF. \tag{5.1}$$

Sie ist positiv bei Zug, negativ bei Druck; σ_x steht für die Spannung in x-Richtung, F für die Querschnittsfläche.

Für die Längenänderung ΔL gilt

$$\Delta L = \frac{\sigma_x}{E} L = \frac{NL}{EF} \tag{5.2}$$

mit Elastizitätsmodul E und Stablänge L, und für die Wärmespannungen σ_T gilt

$$\sigma_T = -E\alpha(T - T_0) \tag{5.3}$$

mit Wärmedehnungskoeffizient α und Anfangstemperatur T_0.

Balken (Bild 5.2)

Bei Balken ist — ähnlich den Stäben — die Länge groß gegenüber den anderen Abmessungen. Jedoch tritt hier die Belastung senkrecht zur Balkenlängsachse (Querkräfte und Biegemomente) auf. Dünnwandige offene Profile (z.B. U-Profile) werden im Leichtbau bevorzugt verwendet. Man spricht oft auch von Stäben, obwohl diese — Balken — einer Biegebelastung unterworfen sind.

Die Schwerpunktlinie entspricht der Balkenachse, zusätzlich gilt die Bedingung

$$t \ll S_u \ll L. \tag{5.4}$$

Flächentragwerke

Komplexe Strukturen, z.B. von Satelliten, setzen sich in erster Linie aus Flächentragwerken zusammen. Unterschieden werden

- Scheiben
- Platten
- Schalen
- Faltwerke.

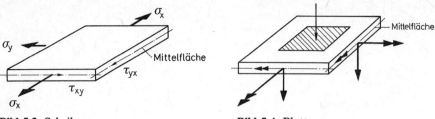

Bild 5.3. Scheiben **Bild 5.4.** Platten

Gemeinsam ist ihnen, daß jeweils die Dicke t klein ist gegenüber den anderen Abmessungen. Es gilt somit

$a, b \gg t$.

- *Scheiben* (Bild 5.3) sind Flächentragwerke, deren Mittelfläche eine Ebene ist. Die Kräfte wirken innerhalb dieser Ebene. Spannungen in x,y-Richtung sind hier die Normalspannungen σ_x und σ_y sowie die Schubspannung τ_{xy}.
- *Platten* (Bild 5.4) sind durch ihre Mittelflächen definiert, auf die die externen Kräfte senkrecht angreifen. Es treten dort Randmomente auf, wo die Platte fest eingespannt ist.
- *Schalen* (Bild 5.5). Bei Schalen ist die Mittelfläche einfach oder doppelt gekrümmt. Sonderfälle sind: Kreiszylinder-, Kegel- und Kugelschalen. Beispiele für Schalen bei der Struktur einer mehrstufigen Rakete sind in Bild 5.5 gezeigt.
  Bei Schalen ist ähnlich wie bei den ebenen Flächentragwerken bezüglich der Berechnung (Idealisierung) eine Zweiteilung zweckmäßig in

  – Membranschale – Kräfte wirken nur in den Mittelflächen, z.B. Ballon,
  – Biegeschale   – zusätzliche Querkräfte und Biegemomente.

- *Faltwerke* (Bild 5.6) sind räumliche Flächentragwerke, bei denen die äußeren Kräfte vorwiegend durch Dehnungskräfte nach den stützenden Querscheiben, Fußringen usw. übertragen werden.

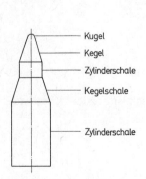
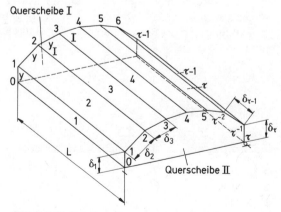

Bild 5.5. Schalen **Bild 5.6.** Faltwerke

5.2 Strukturbauteile

Die in Faltwerken vorhandenen Platten werden also hauptsächlich durch in ihrer Mittelebene wirkende Kräfte (Scheibenkräfte) beansprucht, weshalb die Faltwerke auch Scheibenwerke genannt werden. Zusätzlich sind aber auch Plattenkräfte vorhanden, insbesondere schon durch die senkrecht zur Plattenebene wirkenden Lasten des Eigengewichts.

Die Berechnung der Faltwerke ist verhältnismäßig umständlich und wird daher weitestgehend mit Hilfe numerischer Näherungsverfahren durchgeführt.

5.2.2 Bauweisen

Das Ziel der Gewichtsminimierung bedeutet, daß

- spezielle leichte Werkstoffe notwendig sind,
- eine Dimensionierung in Lastrichtung erfolgen muß und
- die vorstehend beschriebenen Strukturbauteile konstruktiv optimiert werden müssen.

Die wichtigsten Bauweisen sind

- die Differentialbauweise,
- die Integralbauweise,
- die integrierende Bauweise,
- die Faserverbundbauweise.

Differentialbauweise

Ein tragendes Strukturteil besteht aus mehreren Einzelelementen, die durch Nieten, Bolzen oder Schrauben miteinander verbunden werden (Bild 5.7).

Integralbauweise

Hier werden Profile und Formen (z.B. U-Träger) nicht zusammengefügt, sondern in einem Stück gefertigt. Örtliche Spannungsspitzen werden dadurch verringert, jedoch sind auch die „Fail Safe"-Eigenschaften (Ausbreitung von Haarrissen) schlechter.

Folgende Fertigungsverfahren werden angewandt

- Gießen,
- Gesenkpressen,
- Strangpressen,
- Zerspanen (=Fräsen aus dem Vollen),
- Ätzen (chemisch fräsen).

Integrierende Bauweise

Die integrierende Bauweise versucht, die Vorteile aus Differential- und Integralbauweise zu kombinieren, indem das Bauteil aus einer Vielzahl von Einzelelemen-

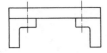

Bild 5.7. Differentialbauweise (U-Profil-Träger)

ten, die relativ einfach zu fertigen sind, zusammengesetzt wird, andererseits die Verbindung aber so erfolgt, daß — wie bei der Integralbauweise — Spannungsspitzen durch Kerbwirkung weitestgehend vermieden werden. Hierzu werden die Teile in der Regel miteinander verklebt.

Ein Beispiel, das in der Raumfahrt, insbesondere bei Satellitenstrukturen, häufig Anwendung findet, ist die Sandwich-Bauweise. Eine Sandwich-Konstruktion besteht aus zwei dünnen Häuten mit dazwischenliegendem Kern. Als Kernstrukturen werden meist Vollkerne aus homogenem Stoff, Hohlkerne (Waben) oder Stegwerke (Wellblech) verwendet.

Das Steifigkeitsverhältnis E/γ des Kernmaterials sollte aus Stabilitätsgründen etwa gleich dem der Deckhäute sein. Als Kern werden daher bevorzugt Waben aus Aluminiumfolie verwendet, die bei senkrechter Anordnung zu den Häuten keine Spannungen aus diesen übernehmen müssen und andererseits zur quasi-kontinuierlichen Stützung der Häute dienen. Sandwich-Konstruktionen werden daher meist als Platten ausgelegt.

Faserverbundbauweise

Die Faserverbundbauweise hat in den letzten Jahren wesentlich an Bedeutung gewonnen. Sie ermöglicht eine gewichtsoptimale Gestaltung von Strukturteilen bezüglich Festigkeit und Steifigkeit. Der Grundgedanke liegt hierbei darin, daß der Verlauf der Spannungen und die erforderliche Steifigkeit bei einer Konstruktion bestimmt werden und die Fasern diesem optimal angepaßt werden.

5.2.3 Materialien

In der Raumfahrt finden zur Zeit Materialien Verwendung, die sich in die folgenden drei Gruppen gliedern lassen

- Aluminium-Legierungen,
- Titan-Legierungen,
- Faserverstärkter Kunststoff.

Bei den Aluminium-Legierungen sind zwei Varianten von besonderer Bedeutung

- AlMgCu, ALCOA-Code (USA) 2024,
- AlMgZn, ALCOA-Code (USA) 7075.

Titan-Legierungen (insbesondere mit Al und Mn) erreichen sehr viel höhere Festigkeiten als Aluminium-Legierungen; ein Vergüten der Titan-Legierungen erhöht deren Festigkeiten noch mehr. Das spezifische Gewicht von Titan liegt bei $\gamma = 4,3$ bis 4,5; Titan verhält sich bezüglich des spezifischen Volumens somit günstiger als Stahl. Da außerdem der Schmelzpunkt von Titan bei 1 660 °C liegt, dem 2,5fachen Wert von Aluminium, bzw. sich um 10 % über dem Wert von Eisen befindet, ist Titan insbesondere zur Herstellung hochwarmfester Legierungen prädestiniert.

Glasfaserverstärkter Kunststoff besitzt ein sehr günstiges spezifisches Gewicht und in Faserrichtung eine sehr hohe Beanspruchung σ_B. Ein Nachteil besteht darin, daß dieses Material nur auf Zug beansprucht werden kann. Gleiches gilt für kohlefaserverstärkten Kunststoff.

Faserverstärkte Kunststoffe besitzen ein sehr günstiges spezifisches Gewicht und können in Faserrichtung sehr hohen Zugbeanspruchungen ausgesetzt werden. Durch geschickte Konstruktionen und Einsatz von mehreren Lagen, deren Fasern unterschiedliche Orientierungen besitzen, können faserverstärkte Kunststoffkonstruktionen auch anderen Beanspruchungen, wie Druck, Biegung und Torsion, ausgesetzt werden.

Zwei typische Beispiele für den Einsatz dieser Werkstoffe sind Solarpanele bei dreiachsenstabilisierten Satelliten und das Zentralrohr des Deutschen Fernmelde-Satelliten DFS-KOPERNIKUS.

5.3 Strukturanalyse

5.3.1 Ablauf der Strukturanalyse und der Strukturqualifikation

Den schematischen Ablauf einer Strukturanalyse sowie -qualifikation zeigt Bild 5.8. Hierbei laufen die mathematische Modellbildung, Analyse und Simulation mit praktischen Messungen am Strukturmodell teilweise parallel.

Ausgangspunkt jeder Strukturanalyse sind die zu erwartenden statischen Belastungen. Sind sie bekannt, ist die Struktur derart zu dimensionieren, daß sie den Belastungen standhalten kann. Weitaus schwieriger gestaltet sich die dynamische Analyse und Qualifikation.

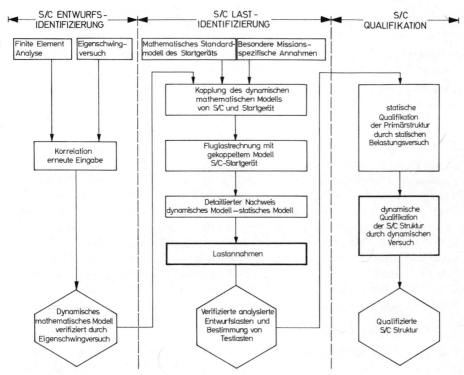

Bild 5.8. Strukturanalyse und Qualifikation

Der Qualifikationsvorgang ist ein kombinierter Weg aus Rechnung, Tests und Bewerten von Ergebnissen. Auf der Basis des ersten Entwurfs erstellt man mit Hilfe der Finiten-Element-Methode ein dynamisches mathematisches Modell. Diese Technik ist in der Strukturmechanik heute ein weit verbreitetes Hilfsmittel für die rechnergestützte Behandlung statischer wie dynamischer Probleme. Sie erlaubt es, reale elastische Strukturen mit — theoretisch — unendlich vielen elastischen Freiheitsgraden durch entsprechende Vereinfachungen auf Systeme von „finiten Elementen" mit einer endlichen Zahl von Freiheitsgraden (Knotenpunktverschiebungen) zu reduzieren.

Um den Rechenaufwand in vertretbaren Grenzen zu halten, beschränkt man sich bei einem Nachrichtensatelliten, z.B. der Größe ECS/MARECS, auf 300 bis 400 Freiheitsgrade. Etwa gleichzeitig wird die Hardware (Strukturmodell) gebaut. Aus dem mathematischen Modell ermittelt man analytisch die Eigenfrequenzen und die Eigenvektoren. Das Strukturmodell wird einem „Modal Survey Test" (Standschwingungsversuch) unterzogen, der als Ergebnis ebenfalls die Eigenfrequenzen, Eigenvektoren sowie die generalisierten Massen, die ein Maß für die Energie der Eigenschwingungsformen sind, und darüber hinaus die Dämpfung der realen Struktur liefert. Ein Vergleich der Rechen- und Versuchsergebnisse dient der Anpassung des mathematischen Modells an die reale Struktur. Diesen Verbesserungsprozeß nennt man Anpassung bzw. Korrelation des mathematischen Modells.

Im allgemeinen ist dies ein iterativer Vorgang, der wiederholte Eingriffe ins dynamische Modell und wiederholte Eigenwertrechnungen erfordert. Ist das mathematische Modell ausreichend gut angepaßt, werden Rechnungen durchgeführt, die den „Response" (Strukturantwort) auf bestimmte vorgegebene Erregungen voraussagen sollen. Werden dabei unzulässige Beschleunigungswerte festgestellt, so erfordert dies Modifikationen am Entwurf, was wiederum eine Überarbeitung der Hardware und des mathematischen Modells zur Folge hat. Die endgültige Qualifikation wird eingeleitet durch Response Tests und Flugtest-Rechnungen. Ergeben sich aus beiden Schritten keine erforderlichen Modifikationen oder Änderungen, ist das System dynamisch qualifiziert.

Die Modal Survey Tests an vollständig ausgerüsteten Satellitenstrukturen haben gezeigt, daß die Genauigkeit der Versuchsergebnisse abnimmt, wenn die Strukturen komplizierter und für den Versuchstechniker schwer zugänglich werden. Am SPACE SHUTTLE wurden Modal Survey Tests an unterschiedlichen Konfigurationen durchgeführt, denen Untersuchungen an maßstäblichen Modellen vorausgegangen waren. Tests an derart großen Strukturen erfordern einen enormen Aufwand. Die Modal Survey Tests am SHUTTLE kosteten mehr als 25 Millionen Dollar. Für endgültige Aussagen, vor allem was die Dämpfung betrifft, ist man jedoch auf Originalstrukturen anstelle von Modellen angewiesen. Die genaue Kenntnis der Dämpfung ist Voraussetzung, um das dynamische Verhalten der Struktur zu begreifen.

5.3.2 Anwendung modaler Koppelverfahren

Mit der Einführung der modalen Beschreibung von strukturdynamischen Problemen ist den Strukturingenieuren jedoch ein wichtiges Hilfsmittel in die Hand gegeben.

Das dynamische Verhalten von Strukturen wird durch ein System von linearisierten Differentialgleichungen zweiter Ordnung mit den Knotenpunktverschiebungen als Zeitvariablen beschrieben. Bei der modalen Schreibweise werden die physikalischen Knotenpunktverschiebungen durch einen Reihenansatz beschrieben.

Bei den Ansatzfunktionen handelt es sich um die Eigenschwingungsformen (normal modes) des Systems, die in einem Modal Survey Test oder mit Hilfe einer Eigenwertrechnung bestimmt werden. Der modale Ansatz bringt den Vorteil, daß die Zahl der Freiheitsgrade in dem Differentialgleichungssystem stark verringert wird. Ursprünglich hatte das System so viele Freiheitsgrade wie es Knotenpunktverschiebungen im Finite-Element-Modell gibt; nun entspricht ihre Anzahl der der angesetzten Eigenschwingungsformen.

5.3.3 Auslegung von Strukturteilen

Bei der Auslegung von Strukturteilen für Satelliten liegt der Schwerpunkt der Untersuchung bei der Dynamik der Bauteile und Baugruppen, da die Hauptbelastung in der Startphase und beim Transport der Satelliten auftritt. Im einzelnen sind dies

- *Stoßkräfte* (z.B. Schubaufbau, Böenangriff, etc.),
- *periodische Erregungen* (z.B. Schwingungen der Raketendüse, Eigenschwingungen der Rakete etc.),
- *stochastische Erregungen* (z.B. Schallbelastung, Schwankungen der Raketentriebwerke etc.).

Die dynamische Antwort des Systems beschreibt die örtlichen Beschleunigungen, Verformungen und Spannungen.

Im folgenden wird die Vorgehensweise beim Feder-Masse-Dämpfer-System beschrieben, da in den meisten Fällen komplizierte Konstruktionen mit diesem Ansatz eine gute Näherung der Lösung liefern.

Feder-Masse-Dämpfer-System (Bild 5.9)

Die Bewegungsdifferentialgleichung lautet

$$m\ddot{x}(t) + d\dot{x}(t) + cx(t) = 0. \tag{5.5}$$

Um die Lösung der homogenen Bewegungsdifferentialgleichung zu bestimmen, wird der Ansatz eingeführt

$$x(t) = \hat{x}\exp(\lambda t).$$

Durch Einsetzen in (5.5) folgt

$$(\lambda^2 m + \lambda d + c)\hat{x}\exp(\lambda t) = 0$$

und

$$\lambda_{1,2} = -\frac{d}{2m}\left(1 \pm \sqrt{1 - \frac{4mc}{d^2}}\right). \tag{5.6}$$

$\lambda_{1,2}$ sind die beiden Eigenwerte des Systems. Unter Berücksichtigung der Anfangswerte

$$x(t=0) = x_0 \quad \text{und} \quad \dot{x}(t=0) = \dot{x}_0 \qquad (5.7)$$

und Anpassung der Lösung

$$x(t) = \hat{x}_1 \exp(\lambda_1 t) + \hat{x}_2 \exp(\lambda_2 t) = \exp(-d/2m)(\hat{x}_{10} \cos \omega t + \hat{x}_{20} \sin \omega t)$$

mit

$$\omega = \frac{d}{2m}\sqrt{1 - \frac{4mc}{d^2}}$$

aus (5.7) erhält man die Lösung der freien Schwingung des Systems

$$x(t) = \exp(-d/2m)\left(x_0 \cos \omega t + \frac{2\dot{x}_0 m + dx_0}{2m\omega} \sin \omega t\right). \qquad (5.8)$$

5.3.4 Übertragungsmatrizen-Verfahren

Das Übertragungsmatrizen-Verfahren beruht auf dem Prinzip, komplizierte und kontinuierliche Konstruktionen abschnittsweise so zu modellieren, daß man ihr Verhalten durch einfachere Elemente beschreiben kann, deren Lösung analytisch ermittelt wird. Das Verhalten der gesamten Konstruktion wird anschließend durch das Verhalten der einzelnen Elemente superponiert.

Diese Zerlegung der Gesamtstruktur in einzelne Elemente wird Diskretisierung genannt. Die Superposition der einzelnen Elemente erfolgt über die Zwischenbedingungen (Elementschnittgrößen am Anfang und Ende eines jeden Elements). Der Zusammenhang der Schnittgrößen zwischen Anfang und Ende eines jeden Elements wird über Matrizen formuliert.

Das Übertragungsmatrizen-Verfahren bietet sich für alle Konstruktionen an, die keine Verzweigungspunkte haben und sich als Summe von Balken, Stäben und Massen modellieren lassen.

Bei der Modellierung können massenbehaftete Elemente als massenlose Elemente und deren Masse an beiden Enden als Klumpmassen betrachtet werden.

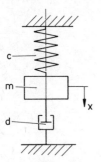

Bild 5.9. Feder-Masse-Dämpfer

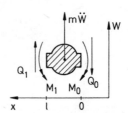

Bild 5.10. Schnittkräfte einer Punktmasse

Übertragungsmatrix eines Punktmassenelementes

Aus der Gleichgewichtsbedingung des in Bild 5.10 dargestellten Punktmassen-Elements folgt

$$m\ddot{w}(t) = \Sigma \text{ (Kräfte)},$$
$$m\ddot{w}(t) = Q_1(t) - Q_0(t),$$
$$J\ddot{\varphi}(t) = \Sigma \text{ (Momente)} = 0,$$
$$M_0(t) = M_1(t). \tag{5.9}$$

Mit dem Ansatz

$$w(t) = \hat{w}\exp(j\omega t)$$

folgt

$$Q_1 = Q_0 - \omega^2 mw \quad \text{und} \quad M_1 = M_0. \tag{5.10}$$

Der Schnittkraftvektor am Anfang des Elements ist

$$V^T_0 = \{-w_0, -w'_0, M_0, Q_0\}$$

und am Ende des Elements

$$V^T_1 = \{-w_1, -w'_1, M_1, Q_1\}.$$

Aus Bild 5.10 kann man weiterhin entnehmen

$$w_0 = w_1 \quad \text{und} \quad w'_0 = w'_1.$$

Formuliert man nun diese Beziehungen in Matrizenschreibweise unter Berücksichtigung der Reihenfolge der Schnittkräfte am Anfang und am Ende, hat man die Übertragungsmatrix der Punktmasse.

$$\begin{Bmatrix} -w \\ -w' \\ M \\ Q \end{Bmatrix}_1 = \begin{bmatrix} 1 & 0 & 0 & 0 \\ 0 & 1 & 0 & 0 \\ 0 & 0 & 1 & 0 \\ \omega^2 m & 0 & 0 & 1 \end{bmatrix} \begin{Bmatrix} -w \\ -w' \\ M \\ Q \end{Bmatrix}_0. \tag{5.11}$$

$$V_1 = T^m V_0.$$

Übertragungsmatrix eines elastischen masselosen Elements

Die Differentialgleichung des in Bild 5.11 dargestellten elastischen Elements ist

$$EJw'''' = 0, \tag{5.12}$$

Randbedingungen

$$w(0) = w_0, \quad w'(0) = w'_0, \quad M(0) = M_0, \quad Q(0) = Q_0. \tag{5.13}$$

Die Lösung der Differentialgleichung lautet

$$w(x) = a_3 x^3 + a_2 x^2 + a_1 x + a_0. \tag{5.14}$$

Durch Anpassen der Lösung an die Randbedingungen erhält man die Koeffizienten $a_n (n=0, 1, 2, 3)$

$$w(x) = -\frac{Q_0}{6EJ}x^3 - \frac{M_0}{2EJ}x^2 + w'_0 x + w_0$$

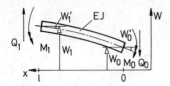

Bild 5.11. Schnittkräfte am masselosen Balken

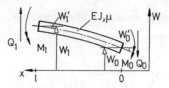

Bild 5.12. Schnittkräfte am Balken mit konstanter Steifigkeit und Massebelegung

und für $x=l$

$$w(l) = -\frac{Q_0}{6EJ}l^3 - \frac{M_0}{2EJ}l^2 + w_1' l + w_1.$$

Entsprechend bestimmt man nun $w'(l)$, $M(l)$ und $Q(l)$. Formuliert man nun wieder diese vier Gleichungen in Matrizenschreibweise, erhält man die Übertragungsmatrix des elastischen masselosen Elements

$$\begin{Bmatrix} -w \\ -w' \\ M \\ Q \end{Bmatrix}_1 = \begin{bmatrix} 1 & 1 & l^2/2EJ & l^3/6EJ \\ 0 & 1 & 1/EJ & l^2/2EJ \\ 0 & 0 & 1 & 1 \\ 0 & 0 & 0 & 1 \end{bmatrix} \begin{Bmatrix} -w \\ -w' \\ M \\ Q \end{Bmatrix}_0. \quad (5.15)$$

$$V_1 = T^{el} V_0.$$

Übertragungsmatrix eines Elements mit konstanter Steifigkeit und Massenbelegung

Die Differentialgleichung des in Bild 5.12 dargestellten Elements lautet

$$EJw'''' - \omega^2 w = 0, \quad (5.16)$$

Randbedingungen

$$w(0) = w_0, \quad w'(0) = w_0', \quad M(0) = M_0, \quad Q(0) = Q_0. \quad (5.17)$$

Die Lösung der Differentialgleichung lautet

$$w(x) = a_3 \cos \lambda x + a_2 \sin \lambda x + a_1 \cos h\lambda x + a_0 \sin h\lambda x. \quad (5.18)$$

Durch Anpassen der Lösung an die Randbedingungen erhält man wiederum die Koeffizienten $a_n (n=0, 1, 2, 3)$, und man bekommt analog, wie bei den vorigen Elementen, die Übertragungsmatrix

$$\begin{Bmatrix} -w \\ -w' \\ M \\ Q \end{Bmatrix}_1 = \begin{bmatrix} C+c & (S+s)/\lambda & (C-c)/EJ^2 & (S-s)/EJ^3 \\ \lambda(S-s) & C+c & (S+s)/EJ\lambda & (C-c)/EJ\lambda^2 \\ EJ\lambda^2(C-c) & EJ\lambda(S-s) & C+c & (S+s)/\lambda \\ EJ\lambda^3(S-s) & EJ\lambda^2(C+c) & \lambda(S-s) & C+c \end{bmatrix} \begin{Bmatrix} -w \\ -w' \\ M \\ Q \end{Bmatrix}_0$$

$$V_1 = T^{M,EJ} V_0 \quad \lambda^4 = \frac{\varrho F \omega^2}{EJ} \quad \begin{matrix} s = \sin \lambda l & S = \sin h\lambda l \\ c = \cos \lambda l & C = \cos h\lambda l. \end{matrix} \quad (5.19)$$

5.3 Strukturanlayse

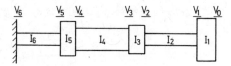

Bild 5.13. Systembeispiel

Aufstellen des Gesamtgleichungssystems und Berechnen der Eigenfrequenzen

Ein System besteht aus sechs Elementen (Klumpmassen, masselose und massebehaftete Elemente) und sei am einen Ende eingespannt und am anderen frei (Bild 5.13).

Besteht das System nicht nur aus elastischen Elementen, dann ist $T_{ges} = T_{ges}(\omega)$. Führt man nun die Randbedingungen ein, dann folgt

$$\begin{Bmatrix} 0 \\ 0 \\ M \\ Q \end{Bmatrix}_1 = \begin{bmatrix} k_{11} & k_{12} & k_{13} & k_{14} \\ k_{21} & k_{22} & k_{23} & k_{24} \\ k_{31} & k_{32} & k_{33} & k_{34} \\ k_{41} & k_{42} & k_{43} & k_{44} \end{bmatrix} \begin{Bmatrix} -w \\ -w' \\ 0 \\ 0 \end{Bmatrix}_0. \tag{5.20}$$

Aus den ersten beiden Zeilen folgt

$$\begin{Bmatrix} 0 \\ 0 \end{Bmatrix} = \begin{bmatrix} k_{11} & k_{12} \\ k_{21} & k_{22} \end{bmatrix} \begin{Bmatrix} -w \\ -w' \end{Bmatrix}_0. \tag{5.21}$$

(5.21) hat dann und nur dann eine Lösung, wenn

$$\det = k_{11} k_{22} - k_{12} k_{21} = 0,$$

da k_{ij} von ω abhängen, stellt die Determinante det ein Polynom in ω dar, und die Eigenfrequenzen sind die Nullstellen derselben.

Ermittlung der Eigenformen

Da ω_i aus der obigen Rechnung bekannt ist, besteht ein fester Zusammenhang zwischen w_0 und w'_0

$$w_0 = -\frac{k_{12}}{k_{11}} w'_0 = \frac{k_{22}}{k_{21}} w'_0. \tag{5.22}$$

Gibt man nun eine der beiden Größen vor, so läßt sich daraus die andere bestimmen für $w_0 = 1$

$$w'_0 = -\frac{k_{11}}{k_{12}} = -\frac{k_{21}}{k_{22}}.$$

Somit beträgt der Eigenvektor an der Stelle 0

$$v_0^i = \begin{Bmatrix} 1 \\ -k_{11}/k_{12} \\ 0 \\ 0 \end{Bmatrix}. \tag{5.23}$$

Durch Multiplikation von (5.23) mit den Übergangsmatrizen erhält man nun die Eigenvektoren an den Stellen 1...6

$$v_1^i = T_1 v_0^i$$
$$\vdots$$
$$v_6^i = T_6 v_5^i.$$

5.3.5 Finite-Element-Methode

Die herkömmlichen technischen Tragwerke können als eine zweckentsprechende Gruppierung von Bauelementen angesehen werden, die untereinander durch eine endliche Anzahl von Knotenpunkten verbunden sind. Falls die Kraft-Verschiebungs-Beziehungen für die einzelnen Elemente bekannt sind, ist es mit Hilfe allgemein bekannter Verfahren möglich, die Eigenschaften der Konstruktion als Ganzes abzuleiten und ihr Verhalten zu untersuchen.

Bei einem elastischen Kontinuum dagegen ist die wirkliche Anzahl der Verbindungspunkte unendlich groß. Hierin liegt die größte Schwierigkeit für die numerische Bearbeitung. Der Gedanke der finiten Elemente, der erstmalig von Turner eingeführt wurde, versucht diese Schwierigkeit mit Hilfe der Annahme zu überwinden, daß das Kontinuum in Elemente unterteilbar sei, die durch eine endliche Zahl von Knotenpunkten miteinander verbunden sind. Dabei werden an den Knoten ersatzweise für die an den Elementrändern wirklich vorhandenen Spannungsverläufe gewisse fiktive Kräfte eingeführt. Wenn solch eine Idealisierung zulässig ist, wird das Kontinuumsproblem diskretisiert und ist somit einer numerischen Behandlung gut zugänglich.

Programme, die auf der Methode der finiten Elemente basieren, können sehr unterschiedliche Ziele haben. In den meisten Fällen wird nur eine linear elastische Untersuchung gefordert, jedoch variiert die Problemgröße von weniger als 100 bis hin zu mehreren 1 000 Freiheitsgraden. Bei dynamischen Untersuchungen oder bei Stabilitätsberechnungen sind Eigenwerte zu bestimmen. Zur Lösung von nichtlinearen Problemen werden verschiedene iterative Verfahren eingesetzt.

Herleitung der Elementsteifigkeitsmatrix und der Elementmassenmatrix bei der Finite-Element-Methode

Das Prinzip der virtuellen Verrückungen (P.d.v.V.) für eine aus I Balkenabschnitten und J Einzelmassen bestehende Struktur lautet

$$\underbrace{\sum_{i=1}^{I} \int_0^{l_i} \delta v_i''(EJ)_i v_i''(t) dx_i}_{A} = \underbrace{\sum_{i=1}^{I} \int_0^{l_i} \delta v_i P_i(t) dx_i}_{C} + \sum_{k=1}^{I} \delta v_k P_k(t)$$

$$+ \underbrace{\sum_{i=1}^{I} \int_0^{l_i} \delta v_i (-\mu \ddot{v}_i(t) dx_i}_{B} + \sum_{j=1}^{J} \delta v_j (-m_j \ddot{v}_j(t)) \qquad (5.24)$$

wobei v = reale Verschiebungen,
δv = virtuelle Verschiebungen,
E = Elastizitätsmodul,

J = Trägheitsmoment,
P = Linienlast,
P_k = Knotenlast,
µ = Massenbelegung,
m = Einzelmasse.

Faßt man nun die vier Verschiebungen an dem Stabende zu einem Elementverschiebungsvektor zusammen

$$\mathbf{v}_i^T(t) = \{w_0; w_0'; w_1; w_1'\} \tag{5.25}$$

und führt vier Ansatzfunktionen zur Approximation des Verschiebungsverlaufs ein, dann kann der Verschiebungsverlauf eines Elements wie folgt formuliert werden

$$v_i(x_i, t) = \{f_1(x), f_2(x), f_3(x), f_4(x)\} \begin{Bmatrix} w_0, \\ w_0', \\ w_1, \\ w_1'. \end{Bmatrix} \tag{5.26}$$

Für den virtuellen Verschiebungsverlauf gilt analog

$$\delta v_i(x_i) = \mathbf{f} T \delta \mathbf{v}_i(t) = \delta \mathbf{v}_i T(t) \mathbf{f}.$$

Als Ansatzfunktionen werden in diesem Fall die Hermiteschen Interpolationspolynome eingeführt.

Durch Integration des Ausdrucks A folgt die Elementsteifigkeitsmatrix S_i, aus dem Ausdruck B die Elementmassenmatrix M_i.

Für den Fall, daß $(EJ)_i = $ const und µ = const, lautet die Elementsteifigkeitsmatrix S_i

$$\mathbf{S}_i = \frac{(EJ)_i}{l_i^3} \begin{bmatrix} 12 & -6l & -12 & -6l \\ -6l & 4l^2 & 6l & 2l^2 \\ -12 & 6l & 12 & 6l \\ -6l & 2l^2 & 6l & 4l^2 \end{bmatrix} \tag{5.27}$$

und die Elementmassenmatrix M_i

$$\mathbf{M}_i = \frac{\mu_i l_i}{420} \begin{bmatrix} 156 & -22l & 54 & 13l \\ -22l & 4l^2 & -13l & -3l^2 \\ 54 & -13l & 156 & 22l \\ 13l & -3l^2 & 22l & 4l^2 \end{bmatrix} \tag{5.28}$$

Nach Vorgabe des Verlaufs der Linienlast, kann auch aus dem Ausdruck C, und auf die gleiche Weise, der Elementbelastungsvektor P_i bestimmt werden.

Aufbau des Gesamtgleichungssystems

Zum Aufbau des Gesamtgleichungssystems wird zunächst ein globaler Systemverschiebungsvektor bestimmt, der alle Elementverschiebungen beinhaltet, die nicht null sind.

Danach werden die Systemsteifigkeitsmatrix, die Systemmassenmatrix und der Systembelastungsvektor aus den einzelnen Anteilen der Elemente bestimmt.

① : Element
⬚k : Knoten
v* : globaler Verschiebungsvektor

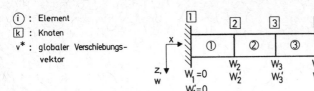

$$\underline{v}^{*T} = \{v_1 \; ; \; v_2 \; ; \; v_3 \; ; \; v_4 \; ; \; v_5 \; ; \; v_6\}$$

$v_1 = w_2$
$v_2 = w_2'$
$v_3 = w_3$
$v_4 = w_3'$
$v_5 = w_4$
$v_6 = w_4'$

INDEXTAFEL

Element				
i	w_0	w_0'	w_e	w_e'
1	–	–	1	2
2	1	2	3	4
3	3	4	5	6

Indizes der globalen Verschiebungen

Bild 5.14. Einseitig eingespannter Träger, zusammengesetzt aus drei Balkenelementen

Hierzu verwendet man eine Indextafel, die den Zusammenhang zwischen Elementverschiebungen und Systemverschiebungen (globalen Verschiebungen) darstellt.

Es soll die Systemsteifigkeitsmatrix des in Bild 5.14 dargestellten Trägers bestimmt werden.

$$\mathbf{S}_i = \begin{bmatrix} S_{11,i} & S_{12,i} & S_{13,i} & S_{14,i} \\ S_{21,i} & S_{22,i} & S_{23,i} & S_{24,i} \\ S_{31,i} & S_{32,i} & S_{33,i} & S_{34,i} \\ S_{41,i} & S_{42,i} & S_{43,i} & S_{44,i} \end{bmatrix}.$$

Aus der Indextafel und (5.27) folgt nun die Systemsteifigkeitsmatrix $\mathbf{S}^*$

$$\mathbf{S}^* = \begin{bmatrix} S_{33,1}+S_{11,2} & S_{34,1}+S_{12,2} & S_{13,2} & S_{14,2} & 0 & 0 \\ S_{43,1}+S_{21,2} & S_{44,1}+S_{22,2} & S_{23,2} & S_{24,2} & 0 & 0 \\ S_{31,2} & S_{32,2} & S_{33,2}+S_{11,3} & S_{34,2}+S_{12,3} & S_{13,3} & S_{14,3} \\ S_{41,2} & S_{42,2} & S_{44,2}+S_{21,3} & S_{44,2}+S_{22,3} & S_{23,3} & S_{24,3} \\ 0 & 0 & S_{31,3} & S_{32,3} & S_{33,3} & S_{34,3} \\ 0 & 0 & S_{41,3} & S_{42,3} & S_{43,3} & S_{44,3} \end{bmatrix}.$$

Entsprechend bestimmt man die Massenmatrix $\mathbf{M}^*$. Das Gesamtgleichungssystem lautet

$$\mathbf{M}^*\ddot{\mathbf{v}}^*(t) + \mathbf{S}^*\mathbf{v}^*(t) = \mathbf{P}^*(t) . \tag{5.29}$$

Lösung des Gesamtgleichungssystems

Die Systemeigenfrequenzen bestimmt man aus der homogenen Lösung der Systemdifferentialgleichung

$$\mathbf{M}^*\ddot{\mathbf{v}}^*(t) + \mathbf{S}^*\mathbf{v}^*(t) = \mathbf{0} . \tag{5.30}$$

Führt man den Ansatz

$$v^*(t) = \hat{v}^* \exp(j\omega t)$$

ein, so folgt

$$(-\omega^2 M^* + S^*)\hat{v}^* = 0. \tag{5.31}$$

Diese Gleichung stellt ein Eigenwertproblem dar, das mit Hilfe bekannter Algorithmen gelöst werden kann.

Bei großen Systemen ist diese Vorgehensweise jedoch nicht empfehlenswert, da sie sehr speicherplatz- und rechenzeitintensiv ist.

Bei großen Systemen versucht man, die Bandstruktur, die durch Finite-Element-Methoden bestimmte Matrizen haben, auszunutzen. Dabei überführt man (5.31) in ein gestaffeltes Gleichungssystem, das nur oberhalb der Hauptdiagonalen besetzt ist:

$$\begin{bmatrix} \times & \times & \times & & & & \\ & \times & \times & & & & \\ & & \times & & & & \\ \underline{0} & & & \ddots & & & \\ & & & & \times & \times & \times \\ & & & & & \times & \times \\ & & & & & & \times \end{bmatrix} \{v^*\} = 0. \tag{5.32}$$

Hierbei stellt das Produkt der Elemente der Hauptdiagonalen die Determinante des Ausgangsgleichungssystems dar, deren Nullstellen die Systemeigenfrequenzen ω_i ergeben. Wenn die rechte Seite des Gleichungssystems nicht **0** ist, dann wird der Vektor v^* von unten beginnend ausgerechnet.

6 Energieversorgung

Von praktischer Bedeutung für die elektrische Energieversorgung eines Satelliten ist die direkte Umwandlung der Sonnenenergie in elektrische Energie unter Verwendung von Solarzellen. In den meisten Fällen wird auch während der Schattenzeiten Energie gebraucht. Diese Leistung muß zusätzlich von Batterien aufgebracht werden, die während der Sonnenzeiten aufgeladen werden. Schließlich muß dem Verbraucher in den meisten Fällen eine geregelte Spannung zur Verfügung gestellt werden. Diese Themen sollen im folgenden nacheinander besprochen werden.

6.1 Solarzellen

Bild 6.1 zeigt den grundsätzlichen Aufbau einer Solarzelle. Kernstück ist eine flache Scheibe von z.B. 2·4 cm^2 Abmessung und einer Dicke von ca 200 µm, die aus einem Silizium-Einkristall herausgeschnitten ist. Diese Scheibe ist zunächst mit Bor dotiert und damit p-leitend gemacht. An der Oberfläche wird bis zu einer Tiefe von ca. 10 µm durch Dotierung mit Phosphor eine n-leitende Schicht erzeugt. Dadurch erhält man zunächst die Charakteristik einer Diode, deren typische U/I-Kennlinie in Bild 6.2 dargestellt ist. Wenn die Grenzschicht zwischen p- und n-leitendem Material von Sonnenlicht beschienen wird, so verschiebt sich die Kennlinie um einen konstanten Strombetrag, der proportional der Beleuchtungsstärke ist. Äquivalent zu Bild 6.2 läßt sich daher in Bild 6.3 die vereinfachte Ersatzschaltung für eine Solarzelle darstellen, die aus einer Diode mit parallel geschalteter Stromquelle besteht.

Durch die Verschiebung der Diodenkennlinie nach unten wird der vierte Quadrant erreicht, in dem Strom und Spannung unterschiedliche Vorzeichen aufweisen, d.h. es wird Leistung erzeugt, während im ersten und dritten Quadranten Leistung verbraucht wird.

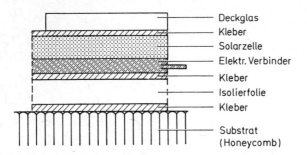

Bild 6.1. Aufbau einer Solarzelle

Die übliche Darstellung des interessierenden vierten Quadranten erfolgt meist in gespiegelter Form, wie in Bild 6.4 dargestellt. Interessant sind folgende Sonderfälle

a) *Leerlauf*. Die Leerlaufspannung ist die typische Diodendurchlaßspannung von ca. 0,6 V.
b) *Kurzschluß*. Der Kurzschlußstrom für eine Silizium-Zelle mit den Abmessungen $2 \cdot 4 \text{ cm}^2$ liegt bei etwa 300 mA.
c) *Maximale Leistungsabgabe*. Während in den Fällen a) und b) das Produkt $P = U \cdot I = 0$ ist und somit keine Leistung erzeugt wird, liegt dazwischen ein Punkt maximaler Leistungsabgabe, bei dem das schraffierte Rechteck die größte Fläche bedeckt. Die typische Leistungsabgabe liegt hier bei ca. 100 mW. Das bedeutet, daß ein Array von 25×50 Solarzellen, d.h. eine Fläche von 1 m^2, eine maximale Leistung von 125 W aufbringen kann.

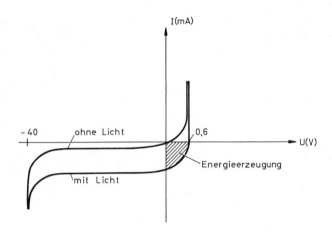

Bild 6.2. Typische Kennlinie einer Diode

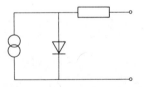

Bild 6.3. Ersatzbild einer Solarzelle

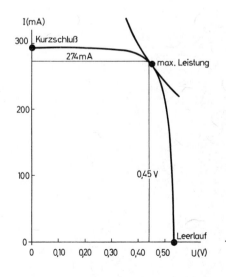

Bild 6.4. Typische Solarzellenkennlinie

Die Solarzellenkennlinien sind abhängig von der Beleuchtungsstärke, der Temperatur und der Bestrahlung durch Protonen und Elektronen, die durch den Sonnenwind erzeugt werden und vor allem in den van-Allen-Gürteln auftreten.

Die Abhängigkeit von der Beleuchtungsstärke drückt sich in einer proportionalen Änderung des Kurzschlußstroms aus. Die hier gezeigten Kennlinien beziehen sich auf eine Beleuchtungsstärke von 1 372 W/m², d.h. die Beleuchtungsstärke der Sonne für den mittleren Abstand von der Erde.

Die Beleuchtungsstärke varriiert einmal mit dem Cosinus des Sonneneinstrahlwinkels, der jahreszeitlich bedingt zwischen 0° (Äquinoktium) und 23° (Solstitium) schwankt, anderseits mit dem Abstand der Erde von der Sonne, der – wie Bild 6.5 zeigt – zwischen 1,017 und 0,965 Nominalradius variiert, wobei die Leistungsabhängigkeit vom Sonnenabstand quadratisch ist.

Durch Strahlungseinfluß wird, wie Bild 6.6 zeigt, sowohl der Kurzschlußstrom als auch die Leerlaufspannung und damit die maximale Leistung reduziert. Zum Schutz werden daher, wie Bild 6.1 zeigt, Deckgläser aufgeklebt, die außerdem mit einer Antireflexionsschicht vergütet sind. Die typische Dicke liegt zwischen 150 und 130 µm, je nach erwarteter Strahlungsbelastung. Bild 6.7 zeigt den kombinierten Einfluß von Jahreszeit und Strahlungsbelastung am Beispiel von OTS. Ausgeprägt sind die tiefen Einbrüche am Sommersolstitium, wo großer Abstand von der Sonne und schräger Sonneneinfall zusammenfallen. Glücklicherweise tritt

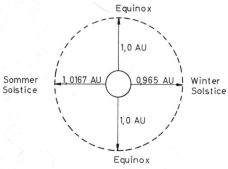

Bild 6.5. Variation der Entfernung Erde-Sonne

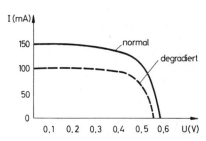

Bild 6.6. Einfluß der Degradation auf die Solarzellenkennlinie

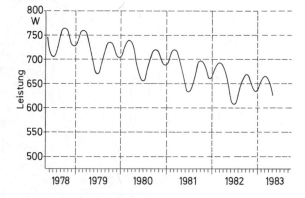

Bild 6.7. Einfluß von Jahreszeit und Strahlungsbelastung auf den Wirkungsgrad des Solargenerators

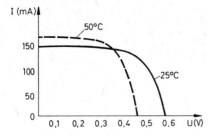

Bild 6.8. Temperatureinfluß auf die Solarzellenkennlinie

der größte Leistungsbedarf zumindest bei geostationären Umlaufbahnen während der Äquinoktien auf, da wegen der Schattenphasen zusätzliche Batterieladeleistung zur Verfügung gestellt werden muß.

Wie Bild 6.8 zeigt, bewirkt eine erhöhte Temperatur eine geringfügige Erhöhung des Kurzschlußstroms und eine wesentliche Verringerung der Leerlaufspannung. Typische Temperaturen für eine Solarzelle sind

+20 °C   für spinstabilisierte Satelliten (Zelle ist thermisch mit dem Satelliten verbunden),

+50 bis 60 °C   für Zellen auf einem Solargenerator mit voller Sonnenbestrahlung,

−160 °C   für Zellen auf einem Solargenerator am Ende der Schattenphase.

Bei einem dreiachsenstabilisierten Satelliten muß daher nach Beendigung der Schattenphasen mit kurzzeitigen (einige Minuten) Spannungsspitzen von bis zu 50 % der Nennspannung gerechnet werden.

Die Solarzelle wird zwischen zwei elektrisch leitenden Flächen eingefaßt, die die beiden Anschlußkontakte liefern. An der Unterseite handelt es sich um eine durchgehende metallische Platte von ca. 70 µm Stärke. An der Oberseite verwendet man einen Kamm, wie in Bild 6.9 dargestellt, der einerseits für eine möglichst großflächige elektrische Verbindung sorgt, andererseits den Lichteinfall so wenig wie möglich behindert. Die elektrisch leitende Unterseite wird auf eine etwa 300 µm starke Isolierfolie (meistens aus Kapton) geklebt, die ihrerseits auf der Struktur des Solargenerators verklebt ist.

Wie Bild 6.9 zeigt, lassen sich Solarzellen mit geeigneten Verbindungsstücken verlöten oder verschweißen, so daß man Arrays aus hintereinander- und parallelgeschalteten Solarzellen herstellen kann. Wie Bild 6.10 zeigt, erhöht eine Parallelschaltung den Kurzschlußstrom, eine Serienschaltung die Leerlaufspannung und eine Serien-/Parallelschaltung beides.

Zur überschlagsmäßigen Rechnung eignen sich folgende Zahlenwerte: Aus der anfallenden Sonnenenergie von 1 372 W/m² können effektiv etwa 100 W/m² an elektrischer Leistung entzogen werden. Der Rest wird als Wärme abgestrahlt. Man arbeitet daran, Solarzellen mit anderem Material (Gallium-Arsenid) und verbesserten Eigenschaften herzustellen, so daß die Ausbeute in Zukunft auf 150 bis eventuell 200 W/m² steigen kann. Außerdem sind die Zellen weniger temperaturempfindlich. Das Leistungsgewicht eines Solargenerators liegt derzeit bei etwa 30 kg/kW, wobei sich das Gewicht etwa gleichmäßig auf die Solarzellen mit

6 Energieversorgung

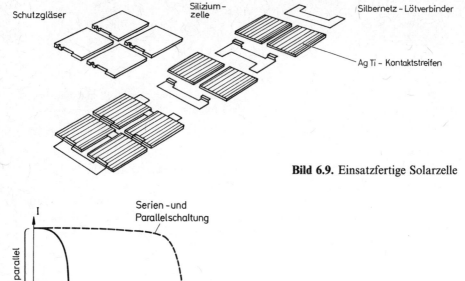

Bild 6.9. Einsatzfertige Solarzelle

Bild 6.10. Parallel- und Reihenschaltung von Solarzellen

Deckgläsern, die Honigwabenstruktur mit Kohlefaserdeckflächen und die Scharniere zur Entfaltung der Generatorflächen aufteilt. Gewichtsverbesserungen werden erwartet durch die Entwicklung von dünneren Solarzellen und flexibleren Strukturen, wobei allerdings eine Optimierung zwischen Gewichtsersparnis und Kostenerhöhung zu empfehlen ist.

6.2 Batterien

Batterien haben die Aufgabe, elektrische Energie während der Schattenphasen abzugeben. Sie werden während der Sonnenphasen vom Solargenerator wieder aufgeladen. Wie der Solargenerator aus einzelnen Sonnenzellen zusammengesetzt ist, besteht die Batterie aus einzelnen Zellen, die seriell und parallel verschaltet werden können. Typischerweise erzeugt eine einzelne Zelle eine Nominalspannung von 1,2 V, die je nach Lade- oder Entladezustand zwischen 1,1 und 1,45 V schwanken kann. Die Strombelastung wird in Ah angegeben und hängt mit der Größe der einzelnen Zellen zusammen. Typische Werte liegen zwischen 10 und 100 Ah.

Technisch interessant sind Nickel/Kadmium- und Nickel/Wasserstoffzellen. Nickel/Kadmiumzellen arbeiten mit einem flüssigen Elektrolyten und haben im allgemeinen rechteckige Abmessungen. Typische Werte sind in Tabelle 6.1 angegeben.

Tabelle 6.1. Typische Batteriekennwerte (Nickel-Kadmium)

Kapazität (Ah)	Länge (cm)	Breite (cm)	Höhe (cm)	Masse (kg)
10	7,6	7,1	2,3	0,38
30	7,6	17,8	2,3	1,09
100	18,9	18,5	3,7	3,68

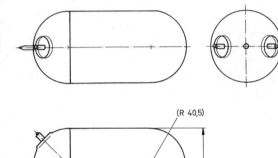

Bild 6.11. Beispiel von Nickel/Wasserstoffzellen

Die chemische Reaktion einer Nickel/Kadmiumzelle kann durch folgende Gleichung beschrieben werden

Positive Elektrode: $2\,Ni(OH)_2 + 2\,OH^- \underset{\text{Entladung}}{\overset{\text{Ladung}}{\rightleftarrows}} 2\,NiOOH + 2\,H_2O + 2e^-$,

Negative Elektrode: $Cd(OH)_2 + 2e^- \rightleftarrows Cd + 2\,OH^-$,

Gesamtbilanz: $2\,Ni(OH)_2 + Cd(OH)_2 \rightleftarrows 2\,NiOOH + Cd + H_2O$.

Nickel/Wasserstoffzellen besitzen nur eine feste Elektrode, während die Gegenelektrode durch das Wasserstoffgas gebildet wird. Die chemische Reaktion läuft folgendermaßen ab

Nickel-Elektrode: $Ni(OH)_2 + (OH) \rightleftarrows NiOOH + e^-$,

Gas-Elektrode: $H_2O + e^- \rightleftarrows \tfrac{1}{2}H_2 + OH^-$,

Gesamtbilanz: $Ni(OH)_2 \rightleftarrows 2\,NiOOH + \tfrac{1}{2}H_2$.

Bei der Ladung wird also gasförmiger Wasserstoff gebildet, der typischerweise einen Druck von etwa $5\cdot10^6$ Pa aufbauen kann. Daher ist das Gehäuse zylinderförmig und elektronenstrahlgeschweißt, um den Druck besser aufnehmen zu können. Bild 6.11 zeigt typische Abmessungen einer Nickel/Wasserstoffzelle mit

Tabelle 6.2. Daten verfügbarer Batteriezellen (Nickel-Wasserstoff)

Kapazität (Ah)	Masse (kg)
15	0,51
30	0,89
50	1,20

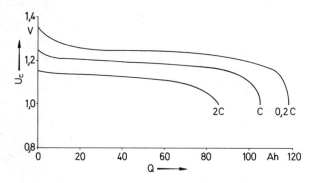

Bild 6.12. Entladecharakteristik von Batteriezellen

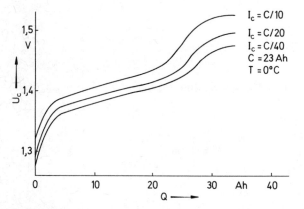

Bild 6.13. Ladecharakteristik von Batteriezellen

einer Kapazität von 35 Ah. Typische Zahlenwerte verfügbarer Zellen sind in Tabelle 6.2 gezeigt.

Im Vergleich zu Nickel/Kadmiumzellen sind Nickel/Wasserstoffzellen leichter und können zusätzlich weiter entladen werden (80 % Entladetiefe verglichen mit 60 %). Außerdem sind sie unkritischer in der Wartung und versprechen daher eine höhere Lebensdauer. Nachteilig sind in mancher Anwendung einmal das größere Volumen, zum anderen der höhere Preis.

Bild 6.12 zeigt die typische Entladecharakteristik einer Batteriezelle in Abhängigkeit von der Belastung. Bild 6.13 zeigt die äquivalente Kennlinie für den Ladevorgang. Was vermieden werden muß, ist eine Überladung der Batterie, die zu irreversiblen Veränderungen führen kann, während eine totale Entladung nicht

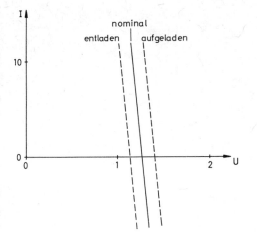

Bild 6.14. Strom-, Spannungscharakteristik von Batteriezellen

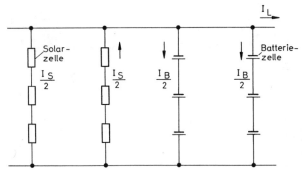

Bild 6.15. Verschaltung von Solar- und Batteriezellenstrings

nur nicht schädlich ist, sondern zumindest bei Nickel/Kadmiumzellen von Zeit zu Zeit bewußt durchgeführt wird, um die Zellen zu regenerieren.

Bild 6.14 zeigt die Strom/Spannungscharakteristik einer Batteriezelle in Abhängigkeit von ihrem Ladezustand. Auffällig ist die Steilheit der Kennlinie, die durch den niedrigen Innenwiderstand einer Batteriezelle zu erklären ist.

6.3 Zusammenwirken von Batterie und Solarzellen

Wie Bild 6.15 zeigt, können Solarzellenstrings und Batteriezellenstrings sowohl untereinander als auch miteinander direkt parallel geschaltet werden. Der Laststrom I wird gemeinsam von dem Solarzellenstrom I_S und dem Batteriestrom I_B aufgebracht, wobei der Batteriestrom positiv (Entladebetrieb) oder negativ (Ladebetrieb) sein kann.

Die Verteilung der Lasten zwischen Solarzellen und Batteriezellen kann nach Bild 6.16 durch Erweiterung der Solargeneratorkennlinie nach oben (gestrichelte Linie) geregelt werden. Dazu bestehen vor allem zwei Möglichkeiten: einmal das Zu- und Abschalten einzelner paralleler Solarzellenstrings, zum anderen die Verdrehung der Solargeneratoren gegenüber der Sonne mit dem Antriebsmechanismus (BAPTA), der ohnehin zur Gegendrehung der Generatoren vorgesehen

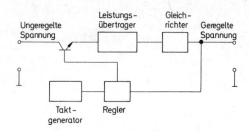

Bild 6.17. Blockdiagramm eines DC/DC-Wandlers

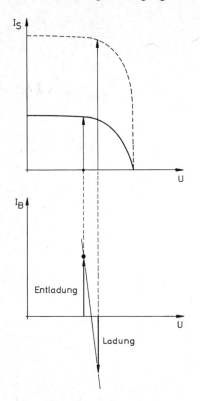

Bild 6.16. Lastverteilung zwischen Solargenerator und Batterien

ist. Auf diese Weise wird die Beleuchtungsstärke geregelt und somit die Kennlinie parallel verschoben.

Durch den geringen Innenwiderstand der Batterie bestimmt die Batteriekennlinie die dem Verbraucher zugeführte Klemmenspannung. Sie weist zwei Merkmale auf:

a) Sie ist langzeitig größeren Schwankungen (ca. $\pm 20\,\%$) unterworfen, entsprechend dem jeweiligen Batterieladezustand.
b) Durch den niedrigen Innenwiderstand werden kurzzeitige Lastschwankungen der Verbraucher abgepuffert und bewirken nur geringfügige Spannungsschwankungen, die andere Verbraucher stören können.

6.4 Spannungsregelung

Die meisten elektrischen Verbraucher im Satelliten benötigen stabilisierte Spannungen. In der Regel sind das bei heutigen Satelliten die Spannungen $+5\,V$ und $\pm 15\,V$, in Ausnahmefällen auch 18 V oder 24 V. Diese Spannungen können, sofern sie von mehreren Verbrauchern benötigt werden, von einer zentralen Stelle erzeugt und den Verbrauchern zur Verfügung gestellt werden.

Die elektrischen Baugruppen, die aus der ungeregelten Satellitenspannung geregelte Spannungen erzeugen, werden DC/DC-Wandler genannt.

Es gibt mehrere Möglichkeiten, DC/DC-Wandler zu realisieren. In der Raumfahrt kommen aber fast ausschließlich pulsbreitenmodulierte DC/DC-Wandler wegen ihres hohen Wirkungsgrades zur Anwendung.
Ein pulsbreitenmodulierter DC/DC-Wandler besteht aus

- Taktgenerator,
- Schalttransistor,
- Leistungsübertrager,
- Gleichrichtung,
- Regler.

In Bild 6.17 ist das Blockdiagramm eines DC/DC-Wandlers dargestellt.

Dieser DC/DC-Wandler muß zur Spannungserhöhung (pull-up regulation) und kann zur Spannungserniedrigung (buck regulation) eingesetzt werden. In der Regel spart man sich bei der „buck regulation" aus Gewichtsgründen den Leistungsübertrager.

Der Wirkungsgrad von DC/DC-Wandlern, die nach dem obigen Prinzip realisiert werden, liegt zwischen 85 % und 95 %.

7 Nachrichtenübertragung

Bild 7.1 stellt als Blockdiagramm die wesentlichen Stationen einer digitalen Nachrichtenstrecke zwischen Nachrichtenerzeuger und Nachrichtenempfänger dar.

Hierbei handelt es sich um die Übertragung von Daten, die von einem Nachrichtenerzeuger (Satellit, Bodenstation) an einen Nachrichtenempfänger (Satellit, Bodenstation) übermittelt werden und von der jeweiligen Empfangsstation interpretiert werden müssen, wie z.B. Telemetriedaten vom Satelliten zur Bodenstation, Telekommandos von der Bodenstation zum Satelliten oder auch Nutzlastdaten, z.B. Meßdaten von Experimenten, usw.

Die Übermittlung von Daten, die von einem Empfänger nicht interpretiert werden müssen, wie die Übertragung von Telefongesprächen, Fernsehbildern

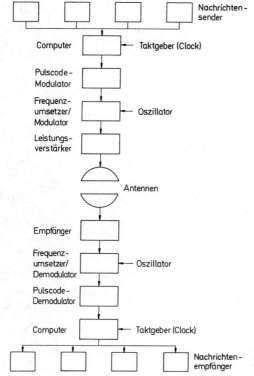

Bild 7.1. Blockdiagramm einer typischen Telemetrie/Telekommando-Strecke

7 Nachrichtenübertragung

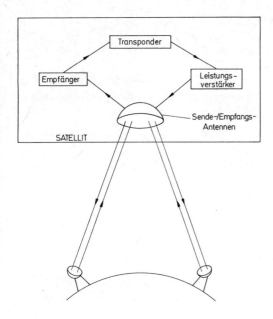

Bild 7.2. Nachrichtenstrecke bei Nachrichtensatelliten

oder Computerdaten zwischen zwei oder mehreren Bodenstationen über Satellit, erfolgt nach Bild 7.2.

Für diese Aufgaben benötigt der Satellit keinen Modulator/Demodulator oder Computer. Es muß lediglich eine Frequenzumsetzung erfolgen, damit die Empfangsdaten wegen der großen Pegeldifferenz zu den Sendedaten vom Satelliten einwandfrei empfangen werden. Die Frequenzumsetzung findet in den sogenannten Satelliten-Transpondern statt.

Weitere Formen der Nachrichtenübermittlung sind die Nachrichtenübertragung mit Hilfe von TDR-Satelliten (Tracking Data Relay Satellite) und das Packet Radio. Beide Verfahren kommen bei niedrig fliegenden Satelliten zur Anwendung.

Das erste Verfahren wird benutzt, um große Datenmengen von niedrig fliegenden Satelliten zur Erde zu funken. Hierbei wird die Tatsache ausgenutzt, daß ein niedrig fliegender Satellit viel länger Sichtkontakt mit einem geostationären Satelliten als mit der Bodenstation hat. Somit werden die Daten von niedrig fliegenden Satelliten zum geostationären Satelliten gefunkt und vom letzteren, der in diesem Fall als ein Relaissatellit wirkt, zur Erde übermittelt.

Das Packet Radio ist ein Verfahren, mit dem sehr preiswert kleine Datenmengen übertragen werden können. Dieses Verfahren nutzt die Tatsache aus, daß ein niedrig fliegender Satellit mehrmals die Erde umkreist und einen großen Teil der Erdoberfläche überfliegt. Hierbei wird von einer Bodenstation eine Nachricht zum Satelliten gesendet, vom Satelliten gespeichert und nach einer vorgegebenen Zeit wieder zur Erde gefunkt. Dieses kann einmalig oder periodisch sein. Einsatzbereiche dieses Verfahrens können dünn besiedelte Gebiete sein (wie z.B. Australien), Kommunikation zwischen mobilen und festen Stationen (Reederei mit Schiffen) usw.

7.1 Telemetrie und Telekommando

Telemetrie und Telekommando ermöglichen die Kommunikation des Betreibers mit dem Satelliten.

Telemetrie sind die Zustandsdaten des Satelliten, die vom Satelliten zur Erde bzw. Betreiberstation gefunkt werden. Dieses kann auf zwei Arten erfolgen, wobei die erste fast ausschließlich im Standardbetrieb verwendet wird.

a) Zu regelmäßigen Zeitabschnitten werden die wichtigsten Zustandsdaten des Satelliten zur Betreiberstation gesendet.
b) Die Zustandsdaten werden erst auf Verlangen der Betreiberstation gesendet.

Zustandsdaten sind beispielsweise

- Tankinhalt,
- Ladezustand der Batterien,
- Bordspannung,
- Information über den Schaltzustand, Ein/Aus von Geräten usw.

Telekommandos sind die Instruktionen der Betreiberstation an den Satelliten. Die Konfiguration einer derartigen Nachrichtenverbindung ist in Bild 7.1 bereits dargestellt.

7.2 Computer

Der Computer (Bild 7.3) an beiden Enden der Kette (Bild 7.1) stellt die Verbindung zwischen den verschiedenen Verbrauchern und der Nachrichtenstrecke her.

Als Datenspeicher dienen bei kleinen Datenmengen RAM-Bausteine (Random Access Memory), bei größeren Datenmengen Magnetspeicher.

Die Signalverarbeitung zu den verschiedenen Verbrauchern kann, je nachdem ob es sich um Nachrichtenerzeuger oder Nachrichtenempfänger handelt, analog oder digital sein. Bei den digitalen Daten ist sowohl parallele als auch serielle Übertragung möglich. Bei mehreren Verbrauchern wird eine gemeinsame Busstruktur gewählt, die aus Datenleitung und Adressenleitung besteht. Auf diese Art wird die Anzahl der Verbindungsleitungen reduziert.

Aufgabe des Rechenwerks ist es, in einem von der Programmsteuerung vorgeschriebenen Rhythmus nacheinander mit den verschiedenen Verbrauchern

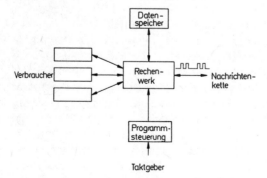

Bild 7.3. Verschaltung von Verbraucher-Rechenwerk-Nachrichtenstrecke

7.4 Frequenzumsetzung und Modulation

Kontakt aufzunehmen (Multiplex-Betrieb) und dabei Nachrichten abzurufen oder Befehle zu übermitteln.

Der Nachrichtenstrom zwischen Rechenwerk und Nachrichtenkette besteht aus der seriell zusammengefaßten Information, die mit Synchronisationswörtern und dem Identifikationscode des angesprochenen Satelliten durchsetzt ist.

Die Taktfrequenz für den Nachrichtenstrom kann, wenn genügend Bandbreite zur Übertragung zur Verfügung steht, mit der Taktfrequenz des Mikroprozessors gleich sein. Bei beschränkter Bandbreite, wie das z.B. bei der Übertragung von Telemetrie- und Telekommandosignalen der Fall ist, wird die Taktfrequenz auf etwa 1 kHz heruntergeteilt.

7.3 Pulscodemodulator/-demodulator

Der Datenstrom zwischen Mikroprozessor und Pulscodemodulator/-demodulator besteht aus einer Folge von logischen Einsen und Nullen, dem sogenannten Videosignal. Hierbei kann nicht vermieden werden, daß manchmal längere Folgen von Einsen und Nullen auftreten, so daß beim Empfang die Information über die Taktfrequenz, die nicht getrennt mitgesendet wird, verlorengeht.

Der Pulscodemodulator wandelt das Videosignal in eine Pulsfolge um, die die Taktfrequenz erkennen läßt. Bild 7.4 zeigt verschiedene Modulationsverfahren. Zur Übertragung von Telemetrie- und Telekommandosignalen ist zum Beispiel das Split-Phase-Verfahren (Bi $\emptyset$) gebräuchlich, das etwas mehr Bandbreite benötigt, dafür aber störungssicherer ist. Der Pulscodedemodulator besorgt die umgekehrte Funktion, d.h. er stellt das ursprüngliche Videosignal wieder her.

7.4 Frequenzumsetzung und Modulation

Zur Nachrichtenübertragung zwischen Bodenstation und Satelliten muß das codierte Videosignal auf einen hochfrequenten Träger moduliert werden. Die Trägerfrequenz ist dabei fest zugeteilt und liegt bei heutigen Verbindungen im GHz-Bereich. In Tabelle 7.1 sind die Frequenzbänder für Satellitenkommunikation wiedergegeben.

Im weiteren ist es üblich, daß die Frequenz vom Boden zum Satelliten höher ist als die Frequenz vom Satelliten zum Boden.

Dies wird so gehandhabt, damit der Aufwand im Satelliten möglichst gering bleibt, da höhere Frequenzen auch mit höherem Aufwand verbunden sind. In

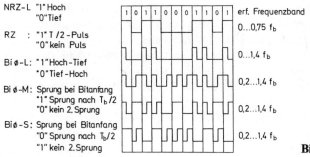

Bild 7.4. Codierungsverfahren

7 Nachrichtenübertragung

Tabelle 7.1. Frequenzbänder für Satellitenkommunikation

Frequenzband	Frequenzbereich (GHz)
L	1,12... 1,7
LS	1,7 ... 2,6
S	2,6 ... 3,95
C	3,95... 5,85
XN	5,85... 8,2
X	8,2 ...12,4
KU	12,4 ...18
K	18 ...26,5
V	26,5 ...40
Q	33 ...50

Tabelle 7.2. Aufwärts-/Abwärts-Frequenzen

Up-Link (GHz)	Down-Link (GHz)
4,4 ... 4,7	3,4 ...4,2
5,925... 6,425	6,625... 7,125
7,9 8,4	7,25 7,75
12,5 ...12,75	10,95 ...11,2
14 ...14,5	11,45 ...11,7
27,5 ...31	17,7 ...21,2

Tabelle 7.2 sind einige typische Aufwärts- (vom Boden zum Satelliten) und Abwärts-Frequenzen (vom Satelliten zum Boden) aufgelistet.

Für die Modulation des Videosignals auf den HF-Träger gibt es prinzipiell drei Möglichkeiten; man kann die Amplitude, die Frequenz oder die Phase des HF-Trägers variieren. Diese drei Modulationsverfahren werden bei analogen NF-Signalen Amplitudenmodulation (AM), Frequenzmodulation (FM) und Phasenmodulation (PM) genannt. Bei digitalen NF-Signalen, wo der Träger nur diskrete Zustände annehmen kann, haben sich die englischen Bezeichnungen Carnier Key (CK), Frequency Shift Key (FSK) und Phased Shift Key (PSK) eingebürgert. In Bild 7.5 sind die drei digitalen Modulationsverfahren abgebildet, wobei AM nur noch historisch eine Rolle spielt und für heutige Anwendungen wegen der geringen Übertragungssicherheit nicht in Frage kommt. Bei analoger Übertragung ist FM das am meisten verwendete Verfahren, es stellt ein gewisses Optimum zwischen Bandbreite und Übertragungssicherheit dar.

Bei Übertragungen, bei denen eine hohe Übertragungssicherheit gefordert wird, wie das z.B. bei Telemetrie und Telekommando der Fall ist, wird fast ausschließlich PSK verwendet, wobei man die etwas größere Bandbreitenanforderung in Kauf nimmt.

Beim Empfang der HF-Wellen tritt die Schwierigkeit auf, daß die Trägerfrequenz durch den Doppler-Effekt verfälscht ist. Bewegt sich ein Satellit mit der Radialgeschwindigkeit $\dot{R}$ und strahlt die Sendefrequenz f_T ab, dann empfängt man

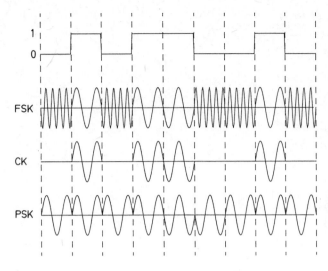

Bild 7.5. Digitale Modulationsverfahren

am Boden die Frequenz f_E

$$f_E = f_T + f_D,$$

wobei f_D die Doppler-Verschiebung ist. f_D ist in erster Näherung

$$f_D = \frac{\dot{R}}{c} f_T,$$

wobei $\dot{R}$ positiv ist, wenn sich der Satellit der Bodenstation nähert, und negativ, wenn der Satellit sich entfernt; c ist die Lichtgeschwindigkeit. Dieser Effekt wird durch den Einsatz von Phasen-Regelschleifen (Phased Locked Loops) ausgeglichen.

7.5 Leistungsverstärker/Empfänger

Beide Geräte gleichen den Leistungsverlust aus, der durch die freie Übertragungsstrecke zwischen Sende- und Empfangsantenne auftritt. Kernstück des Leistungsverstärkers ist seine Endstufe. Diese kann bis zu einem Leistungsniveau von etwa 10 W und Frequenzen bis etwa 2 GHz transistorisiert sein. Für höhere Leistungen und/oder Frequenzen wird dies in der Regel durch Wanderfeldröhren (TWT, Traveling Wave Tubes) realisiert.

Das Prinzip der Wanderfeldröhre (Bild 7.6) beruht auf der Wechselwirkung zwischen einem Elektronenstrahl und dem sich parallel ausbreitenden Hochfrequenzfeld.

Die Ankoppelung des Hochfrequenzfeldes erfolgt bis ca. 8 GHz über Koaxialkabel, bei höheren Frequenzen über Hohlleiter. Zur Wanderfeldröhre gehört auch eine Hochspannungsversorgung, die sehr präzise stabilisiert sein muß (EPC, Electrical Power Converter).

Das Kernstück des Empfängers ist der Empfangsvorverstärker. Dieser wird in der Regel mit sehr rauscharmen Feldeffekttransistoren realisiert.

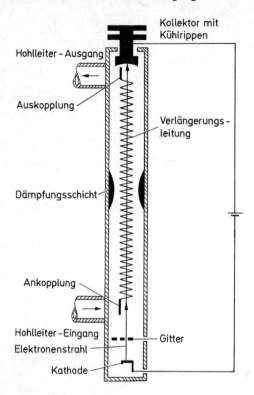

Bild 7.6. Prinzipbild der Wanderfeldröhre

7.6 Antennenübertragungsstrecke

Bild 7.7 zeigt die Verteilung der aus einem Hohlleiterhorn abgestrahlten Sendeleistung unter Vernachlässigung der Wellennatur der Strahlung. Wird die Wellennatur berücksichtigt (Bild 7.8), so muß man zwischen Streifen (A) mit voller Übertragung und Streifen (B) mit voller Auslöschung und den entsprechenden Übergängen dazwischen unterscheiden. Streifen (B) sind dadurch gekennzeichnet, daß jedem Punkt auf seiner Wellenfront ein korrespondierender Punkt im Abstand D/2 mit der Wellenverschiebung $\lambda/2$ zugeordnet ist, wodurch beide Quellen sich gegenseitig auslöschen. Dasselbe Phänomen kann man bei ebenen Wellenfronten im Wasser oder bei optischen Interferenzerscheinungen (Newtonsche Ringe) beobachten.

Die resultierende Leistungsverteilung ist in Bild 7.9 dargestellt und teilt sich durch die besprochene Interferenzerscheinung in die (nutzbare) Hauptkeule und die (unerwünschten) Nebenkeulen auf. Aus Bild 7.8 läßt sich der Öffnungswinkel der Hauptkeule α berechnen

$$\alpha = 2\frac{\lambda}{D} \text{ (rad)} . \tag{7.1}$$

Technisch interessant ist jedoch nur der Winkel θ, bis zu dem mindestens die halbe maximale Sendeleistung zur Verfügung steht, d.h. erfahrungsgemäß etwa 60 %

7.6 Antennenübertragungsstrecke

Bild 7.7. Sendecharakteristik eines Hornstrahlers

Bild 7.8. Berücksichtigung der Wellennatur ▶ beim Hornstrahler

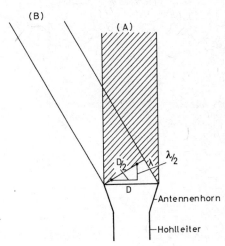

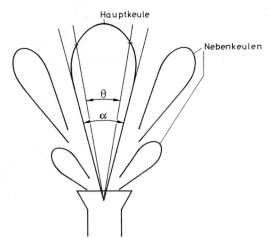

Bild 7.9. Sendecharakteristik unter Berücksichtigung der Nebenkeulen

des vollen Winkels

$$\theta \cong 0{,}6\alpha = 1{,}2\frac{\lambda}{D} \ (\text{rad}) \ . \tag{7.2}$$

Der Winkel θ wird als Keulenbreite definiert. Wird er in Winkelgraden angegeben, so erhält man die äquivalente Beziehung

$$\theta = 57{,}3 \cdot 1{,}2 \frac{\lambda}{D} \ (°) \ ,$$

$$\theta \cong 70 \frac{\lambda}{D} \ (°) \ . \tag{7.3}$$

Ein Hornstrahler mit einem Öffnungsdurchmesser von 10 cm und einer Wellenlänge von 3 cm (entsprechend 10 GHz) würde damit eine Keulenbreite von 21°

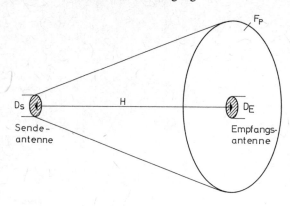

Bild 7.10. Zusammenhang zwischen Sende- und Empfangsantenne zur Bestimmung der Empfangsleistung

erreichen. Läßt man das abgestrahlte Signal von einem parabolischen Reflektor mit einem Durchmesser von 1 m zurückspiegeln, so erhöht man den Durchmesser D der zunächst ebenen Wellenfront auf 1 m und reduziert damit die Keulenbreite auf 2,1°.

Bild 7.10 stellt den von der Sendeantenne abgestrahlten Konus dar, von dem die Empfangsantenne einen Bruchteil auffängt. Die im Abstand H projezierte Fläche F_P ist nach (7.2)

$$F_P = \frac{\pi}{4}(\theta H)^2,$$

$$F_P = \frac{\pi}{4}\left(\frac{1{,}2\lambda H}{D_S}\eta\right)^2,$$

$$F_P = \frac{\pi}{4}\left(\frac{\lambda H}{D_S}\right)^2. \tag{7.4}$$

η ist der Antennenwirkungsgrad, der, solange er in der Größenordnung von 80 % liegt, gegen den Faktor 1,2 ausgewogen werden kann. Die empfangende Fläche ist

$$F_E = \frac{\pi}{4}D_E^2.$$

Die Empfangsleistung E steht damit in folgender Beziehung zur Sendeleistung S

$$E = \left(\frac{D_E D_S}{\lambda H}\right)^2 S. \tag{7.5}$$

Die Übertragungsgüte steigt demnach mit einer linearen Vergrößerung einer der beiden Antennendurchmesser D_E oder D_S, der Frequenz (umgekehrt proportional zur Wellenlänge λ) oder einer linearen Verkleinerung des Abstandes zwischen Sender und Empfänger quadratisch an.

Die minimal benötigte Empfangsleistung wird durch die Rauschleistung E_R des Empfängers bestimmt

$$E_R = kTB. \tag{7.6}$$

$k = 1{,}38 \cdot 10^{-23}$ Ws/K ist die Boltzmannsche Konstante, T (in Kelvin) die Rauschtemperatur des Empfängers und B die übertragene Bandbreite. Für T können folgende Überschlagswerte verwendet werden

T = 200 K für Bodenstationen,

T = 300 K für Satellitenbetrieb oder einfache Bodenstationen.

Die Übertragungsgüte wird gekennzeichnet durch das Signal-zu-Rausch-Verhältnis E/R, das über 100 liegen sollte.

7.7 Entfernungsmessungen

Entfernungsmessungen (Ranging) werden benötigt zur Bahnbestimmung des Satelliten. Das Prinzip ähnelt dem Radarprinzip, wobei der Satellit das abgesendete Signal nicht passiv reflektiert, sondern empfängt, in eine andere Frequenz umsetzt und verstärkt wieder zum Boden zurücksendet. Gemessen wird die gesamte Laufzeit, wobei Verzögerungen durch die Frequenzumsetzung und Verstärkung bekannt sein müssen.

Die Verwendung eines einzigen scharfen Pulses als Meßsignal würde eine zu hohe Leistung und Bandbreite erfordern und den normalen Nachrichtenbetrieb stören. Statt dessen werden im allgemeinen Sinussignale verschiedener Frequenz gewählt und die Phasenverschiebung zwischen Sende- und Empfangssignal verglichen. Wegen der Mehrdeutigkeit des Sinussignals ist eine einzige Frequenz nicht ausreichend. Da die Abstandsmessung die Telemetriekette belegt, ist für die Dauer der Messung die Telemetrieverbindung unterbrochen.

Speziell für Nachrichtensatelliten, die eine höhere Bandbreite zur Verfügung stellen, läßt sich ein Verfahren verwenden, das eindeutig ist und keine Unterbrechung der Telemetrieverbindung erfordert. Außerdem zeichnet es sich durch höhere Genauigkeit aus: Statt eines scharfen Radarpulses wird eine digitale Pulsfolge mit einer Frequenz von ca. 2 MHz gesendet, wobei die Pulse von einem Zufallsgenerator erzeugt werden. Beim Empfang wird die empfangene Pulsfolge gegenüber der gesendeten durch Verschieben zur Deckungsgleichheit gebracht, was zu einer scharf begrenzten Resonanz führt. Die erzielbaren Genauigkeiten liegen bei Bruchteilen von einem Meter.

7.8 Richtungsmessungen

Richtungsmessungen (Tracking) werden ebenfalls zur Bahnvermessung benötigt. Die Bodenantenne wird normalerweise dem Satelliten über einen Regelkreis auf maximale Empfangsstärke nachgeführt. Die dabei auftretenden Winkel an der kardanischen Aufhängung der Antenne (Azimuth und Elevation) können zur Richtungsbestimmung des Satelliten direkt verwendet werden.

Die erzielbare Genauigkeit liegt bei etwa 1 % der Keulenbreite. Interessant ist das Verfahren deshalb vor allem bei Bodenantennen mit größerem Durchmesser (z.B. ab 10 m) und höheren Frequenzen (z.B. ab 10 GHz).

Alternativ lassen sich zwei benachbarte Bodenstationen verwenden, die zur Abstandsmessung ausgerüstet sind. Wie Bild 7.11 zeigt, sind die empfindlichen

7 Nachrichtenübertragung

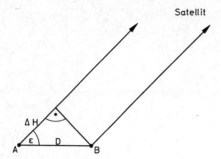

Bild 7.11. Richtungsmessung durch zwei Bodenstationen

Meßgrößen der Abstand zwischen den beiden Bodenstationen und die Differenz der beiden gemessenen Entfernungen ΔH. Der Fehler in der Winkelbestimmung (in rad) ist etwa gleich dem Verhältnis der Meßungenauigkeit zur Basisentfernung. Beträgt zum Beispiel die Basisentfernung 1 km und die Summe der Meßfehler für die beiden Satellitenabstandsmessungen und die Basisvermessung 1 m, so liegt der Winkelfehler bei 1 mrad = 0,057°.

8 Thermalkontrolle

8.1 Aufgaben

Die Temperaturregelung des Satelliten muß unter den Umweltbedingungen des Weltraumes

- Vakuum,
- Sonneneinstrahlung,
- Abstrahlung von Wärme in den Raum,
- schnelle Temperaturänderung beim Durchgang durch Schattenzonen

in jeder Phase der Mission (Start, Transfer, Betrieb) den jeweiligen, zum Betrieb des Satelliten erforderlichen Temperaturbereich sicherstellen. Hierbei ist insbesondere das thermische Gleichgewicht zwischen eingestrahlter Sonnenenergie und im Satelliten erzeugter abzustrahlender Wärmeenergie innerhalb der geforderten, relativ engen Temperaturgrenzen einzuhalten, wobei besonders zu beachten sind

- Eigenschaften der äußeren Satellitenteile im Hinblick auf Wärmeemission und Wärmeabsorption,
- Wärmekapazität der Bauteile und geeignete Maßnahmen zur Wärmeableitung von starken Wärmequellen an Abstrahlflächen (Radiatoren).

Dies zeigt bereits den wesentlichen Unterschied zwischen dem Thermalkontrollsystem und sämtlichen anderen Untersystemen eines Satelliten (s. auch Bild 8.1):

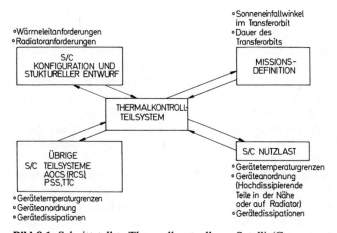

Bild 8.1. Schnittstellen Thermalkontrolle − Satellit/Gesamtsystem

die Thermalkontrolle verfügt über Schnittstellen zu allen Systemaspekten wie Missionsablauf, Konfiguration und zu allen Untersystemen.

Die Temperaturregelung selbst kann auf zweierlei Arten erfolgen

- aktiv,
- passiv.

Eine *passive Regelung* beruht vor allen Dingen auf den Möglichkeiten der Satellitenoberflächenbeschaffenheit, die niedrige oder hohe Emissionsfähigkeit ε (hinsichtlich Wärmeabstrahlung) und niedrige oder hohe Absorptionsfähigkeit α (hinsichtlich Absorption der eingestrahlten Solarenergie) aufweisen kann. Die Werte für ε und α liegen zwischen 0 und 1; z.B. weist schwarzer Anstrich große Werte auf, polierte Metalloberflächen haben dagegen kleine Werte. Der Koeffizient α/ε bestimmt, ob eine gegebene Oberfläche unter Sonneneinstrahlung Wärme aufnimmt oder abstrahlt. Da Satelliten Wärme abstrahlen, müssen Abstrahlflächen mit sehr kleinen α/ε-Werten verwendet werden. Üblicherweise werden Quarzgläser oder Teflonscheiben mit Silber- oder Aluminiumunterlagen verwendet (second surface mirrors). Damit erreicht man α/ε-Werte bis herab zu 0,06. Es ist jedoch Vorsorge zu treffen, daß sich die Oberflächenbeschaffenheit aufgrund der Einstrahlung über die Lebensdauer des Satelliten nicht wesentlich ändert.

Darüber hinaus ist es notwendig, die empfindlichen Teile des Satelliten durch eine Superisolation vor zu großer Wärmezufuhr oder -abgabe zu schützen. Diese Superisolation besteht aus zahlreichen Schichten dünner aluminisierter Mylar- oder Kaptonfolien mit extrem geringer Wärmeleitfähigkeit.

Eine *aktive Regelung* kann z.B. erreicht werden durch

- elektrische Heizer, betätigt entweder durch Thermostaten oder Telekommando (Beispiel Antennenlager der mechanisch entdrallten Antenne von INTELSAT III),
- Klappen oder Blenden, die Flächen mit hohen ε-Werten temperaturgesteuert mehr oder weniger abdecken.

Berücksichtigt werden muß bei der Temperaturregelung auch die Stabilisierungsart des Satelliten. Bei spinstabilisierten Satelliten steht zur Wärmeabstrahlung in den Weltraum nur die Nordseite des Satelliten zur Verfügung. Deshalb werden alle nennenswerten wärmeerzeugenden Geräte (insbesondere Sender) im oberen Teil des Satelliten untergebracht. Für die mit Solarzellen belegte rotierende Trommel des Satelliten ergibt sich unter Sonneneinstrahlung eine Temperatur von 20 °C bis 25 °C. Während der Eklipse fällt die Temperatur auf -80 °C, daher müssen die Geräte im Innern der Trommel von dieser thermisch isoliert werden.

Bei dreiachsenstabilisierten Satelliten müssen im Regelfall bis auf die Nord- und Südseiten des Satelliten, die zur Wärmeabstrahlung verwendet werden, alle übrigen Seiten mit Superisolation thermisch isoliert werden.

Aber nicht nur die Stabilisierung des Satelliten im geostationären Orbit ist von Wichtigkeit, sondern auch die Methode der Stabilisierung im Transfer; hier können Unterschiede auftreten, z.B. Dreiachsenstabilisierung im Synchronorbit, Spinstabilisierung im Transferorbit. Bei einem spinstabilisierten Transfer haben verschiedene Untersuchungen gezeigt, daß keine besonderen Probleme zu erwarten sind. Jedoch bei einem dreiachsenstabilisierten Transfer (z.B. mit dem SPACE SHUTTLE+IUS) sieht es anders aus. Wenn die Solargeneratoren zusammengefaltet an den Nord-/Südseiten verbleiben, ist es nicht möglich, fortlaufend eine Oberfläche zur Sonne zu richten. Entweder muß der Satellit langsam rotieren (der sogenannte „Barbecue"-mode), oder die Oberfläche des Solargenerators muß von der Ausrichtung Satellit-Sonne abgesetzt werden. Beide Lösungen haben jedoch Nachteile (Leistungsverluste, unterschiedliche Lageregelungs-Arbeitsweisen usw.). Vorgezogen wird ein hybrides Array in einer teilweise entfalteten Konfiguration, die allerdings die Radiatorflächen auf den Nord-/Südseiten teilweise freilegt, hinter denen die Nutzlast-Komponenten angeordnet sind. Dies würde zu extrem niedrigen Komponententemperaturen führen, wenn man nicht die entsprechenden Radiatorflächen mit sogenannten Flaps abdecken würde, die nach vollständiger Entfaltung des Solargenerators im Synchronorbit abgeworfen werden.

8.1.1 Thermische Betriebsgrenzen

In Tabelle 8.1 ist der Betriebsbereich der verschiedenen Untersysteme eines Satelliten jeweils durch die untere und die obere Temperaturgrenze dargestellt.

Tabelle 8.1. Zulässige Temperaturgrenzen für verschiedene Betriebszustände

Untersystem	Komponente	Temperaturgrenzen (°C)	
		„operating"	„non-operating"
Bahn- und Lageregelung	Sonnensensor	−20...70	−80...80
	IR-Erdsensor	−15...40	−20...50
	Drallrad	−5...45	−15...55
	Drallrad-Elektronik	−5...45	−20...65
	Kreisel-Elektronik	−10...55	−20...65
	On-Board-Computer	−15...45	−30...60
TT & C	S-Band-Transponder	−15...45	−30...60
	Decoder/Encoder	−20...40	−30...65
Antriebssystem	Tanks Ein-Stoff-System (Hydrazin)	9...40	
	Zwei-Stoff-System	0...40	
	Ventile Ein-Stoff-System (Hydrazin)	9...50	
	Zwei-Stoff-System	0...40	
Energieversorgung	Batterie	−5...15	
	Batterie-Regler	−15...45	−30...60
	Energie-Verteilung	−15...45	−30...60
Nutzlast	Verstärkerröhren (TWT)	−10...70	−40...90
	Konverter (EPC)	−10...45	−40...55
	Filter	−10...45	−25...55

8 Thermalkontrolle

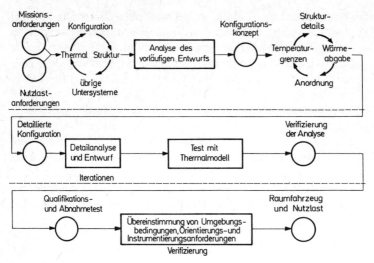

Bild 8.2. Entwurfsprozeß des Thermalkontrollsystems eines Satelliten

Zusätzlich sind auch die zulässigen „non-operating"-Temperaturen angegeben, die bei nicht im Betrieb befindlichen Baugruppen auftreten dürfen. Dies kann z.T. im Transferorbit, im Stand-by oder bei redundanten Bauteilen der Fall sein. Zu beachten ist weiterhin, daß verschiedene Komponenten (z.B. Verstärkerröhren) sogenannter Einschalttemperaturen bedürfen, die zwischen den für die beiden erwähnten Betriebszustände angeführten Temperaturgrenzen liegen.

8.1.2 Entwurf eines Thermalkonzepts

Der Ablauf des Entwurfsprozesses zur Auslegung eines Thermalkontrollsystems ist für die verschiedenen Phasen der Satellitenentwicklung in Bild 8.2 schematisch dargestellt.

8.2 Grundlagen

Für jeden Raumflugkörper als Ganzes betrachtet kann die Energiebilanz wie folgt formuliert werden

$$Q_{abs} + Q_{gen} = Q_{em} + Q_{ges}$$

mit Q_{abs}: vom Satelliten absorbierte Energiemenge infolge Sonneneinstrahlung und Erd- bzw. Planetenalbedo,

Q_{gen}: im Satelliten generierte Energiemenge infolge Wärmeerzeugung der Bordsysteme (Dissipation),

Q_{em}: vom Satelliten in den Raum abgestrahlte (emittierte) Wärmemenge,

Q_{ges}: im Satelliten gespeicherte Wärmemenge.

Für die punktuelle Temperaturverteilung im Raumflugkörper selbst ist neben der örtlichen Verteilung der Einstrahlung vor allem die Anordnung der Geräte mit hoher Dissipation (Umwandlung elektrischer Energie in Wärme) und die Wärmeübertragung zwischen den einzelnen Komponenten maßgebend. Zeitliche Variationen der Dissipationen, hervorgerufen durch das Ein- und Ausschalten verschiedener Geräte, beeinflussen die zeitliche Temperaturverteilung.

8.2.1 Wärmeausbreitung

Drei Arten der Wärmeübertragung können unterschieden werden

- Wärmeströmung (Konvektion),
- Wärmeleitung,
- Wärmestrahlung.

Für alle drei Ausbreitungsarten gilt der Grundsatz, daß die natürliche Bewegungsrichtung der Wärmeenergie stets von der höheren zur niederen Temperatur verläuft.

Die Wärmeenergie Q ist der Grundgröße Temperatur T proportional, die durch die Beziehung

$$Q = cmT$$

mit c: spezifische Wärme,
m: Masse,
T: Temperatur (K)

definiert wird. Die zeitliche Ableitung der Wärmeenergie führt zu

$$\frac{dQ}{dt} = cm \frac{dT}{dt}$$

oder

$$\frac{dQ}{dt} = c\varrho V \frac{dT}{dt}$$

mit ϱ: Dichte der Komponente (kg/m^3),
V: Volumen.

Beispiele für spezifische Wärmewerte sind für verschiedene, häufig verwendete Materialien in Tabelle 8.2 zusammengefaßt.

Tabelle 8.2. Materialkonstanten

Material	Spezifische Wärme (J/kgK)
Aluminium	896,0
Aluminium-Sandwich-Platte	921,3
Titan	611,0
Rostfreier Stahl	500,0
GFK	921,3
CFK	1 100,0
Mylar-Isolationsmatte	837,5
Kapton-Isolationsmatte	837,5

Konvektion

Die Relativbewegung zur Wärmequelle eines Wärmeträgers, der fest, flüssig oder gasförmig sein kann, nennt man konvektive Wärmeübertragung. Beispiele sind

- Wärmeabführung durch Flüssigkeit im Radiator,
- Erhitzung der Atmosphäre beim Wiedereintritt.

Auf die schwierige und umfangreiche mathematische Formulierung dieses physikalischen Vorgangs kann hier nicht eingegangen werden, zumal diese Art der Wärmeübertragung für die Temperaturregelung eines Raumflugkörpers eine untergeordnete Rolle spielt.

Wärmeleitung

Bei der Wärmeleitung werden drei Fälle unterschieden:

- *Die Wärmeleitung (im eigentlichen Sinn)*. Hierbei wird die Wärme innerhalb des Körpers weitergeleitet; Voraussetzung ist eine Temperaturdifferenz.
  1. Der Temperaturgradient ist konstant (Bild 8.3).
     Der Wärmefluß beträgt

$$\frac{dQ}{dt} = \lambda \frac{A}{D} (T_2 - T_1)$$
$$= kA(T_2 - T_1)$$
$$= cm \frac{dT}{dt}$$
$$k = \frac{\lambda}{D}$$

mit λ: Wärmeleitfähigkeit,
$\quad\;\;$ k: Wärmeleitzahl,
$\quad\;\;$ D: Schichtdicke,
$\quad\;\;$ A: Schichtfläche.

Beispiele zur Wärmeleitfähigkeit verschiedener Materialien sind in Tabelle 8.3 zusammengefaßt.

Tabelle 8.3. Wärmeleitfähigkeit verschiedener Materialien

Material	λ (W/mK)
Aluminium	229,0
Silber	410,5
Gold	294,2
Titan	20,0
Rostfreier Stahl	15,0
Teflon PTFE	0,25

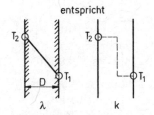
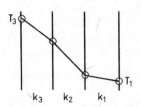

Bild 8.3. Wärmeleitung; konstanter Temperaturgradient

Bild 8.4. Wärmeleitung; abschnittweise konstanter Temperaturgradient

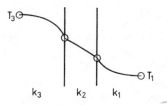

Bild 8.5. Wärmeübergang

Bild 8.6. Wärmedurchgang

2. Der Temperaturgradient ist abschnittsweise konstant (Bild 8.4). Hier gilt

$$k = \frac{1}{\sum_i \frac{1}{k_i}}.$$

- *Wärmeübergang.* Ein Wärmeübergang tritt auf bei der Berührung eines festen Körpers mit flüssigen oder gasförmigen Medien. Ein typisches Beispiel hierfür ist der Wärmeübergang zwischen einem flüssigen Treibstoff und der Tankwandung.
  Der Temperaturgradient hat keinen linearen Verlauf. Er geht auf einer Seite gegen Null (Bild 8.5).
- *Wärmedurchgang.* Sind zwei flüssige oder gasförmige Medien mit verschiedenen Temperaturen durch einen festen Körper getrennt, so vollzieht sich die Wärmeübertragung in drei Schritten (Bild 8.6):

1. Wärmeübergang vom ersten Medium an die Oberfläche der Wand,
2. Wärmeleitung durch die Wand,
3. Wärmeübergang von der Oberfläche der Wand an das zweite Medium.

Diese Kombination wird als Wärmedurchgang bezeichnet.
Diese Kombination geht auf beiden Seiten gegen Null. Die Durchgangszahl k bestimmt sich zu

$$k = \frac{1}{\sum_i \frac{1}{k_i}}.$$

Wärmestrahlung

Wärmestrahlen sind elektromagnetische Wellen im Bereich von etwa 100 nm bis 100 µm. Ein Körper strahlt Wärmeenergie ab, ohne daß dabei Materie bewegt wird. Dies ist somit die einzige Form der Wärmeübertragung im Vakuum.

- *Emission.* Ein Körper strahlt proportional der vierten Potenz seiner Oberflächentemperatur in den Halbraum über seiner Oberfläche diffus ab. Diese Abstrahlung ist abhängig von den Oberflächeneigenschaften des strahlenden Körpers und wird durch einen Faktor, dem Emissionsgrad ε, berücksichtigt. Für einen absolut schwarzen Körper ist der Emissionsgrad ε gleich eins.
Es gilt somit für die emittierte Leistung P_E

$$P_E = \varepsilon \sigma T^4 A, \quad \text{mit A: Oberfläche.}$$

Bei diffuser Emission entspricht die Verteilung der Leistungsdichte über dem Halbraum in etwa einer Cosinus-Verteilung; Abweichungen bei nicht-diffuser Emission zeigt Bild 8.7.

Die Leistungsdichte der Wärmestrahlung nimmt mit dem Quadrat der Entfernung ab und ist nicht gleichmäßig über den Halbraum verteilt. Dies hat zur Folge, daß der Wärmeaustausch durch Strahlung zwischen zwei endlichen Flächen durch deren Konfiguration zueinander beeinflußt wird. Im mathematischen Modell wird dies durch sogenannte „Konfigurationsfaktoren" berücksichtigt.

Für den Konfigurationsfaktor e (Bild 8.8) gilt

$$e_{1,2} = \int_{A_1} \int_{A_2} \frac{\cos \varphi_1 \cos \varphi_2}{\pi r^2 A_1} dA_1 dA_2,$$

$$e_{2,1} = \frac{A_1}{A_2} e_{1,2}.$$

- *Absorption.* Von der auf einen Körper auftreffenden Strahlungsenergie wird ein Teil reflektiert und der Rest absorbiert, das heißt in Wärmeenergie

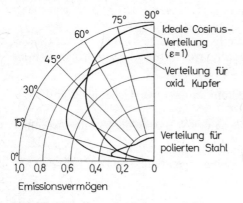

Bild 8.7. Verteilung der Leistungsdichte

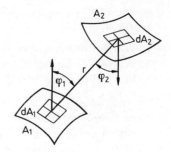

Bild 8.8. Konfigurationsfaktor

umgesetzt. Für die absorbierte Leistung P_A gilt

$$P_A = \alpha S A$$

mit α: Absorptionsgrad,
S: Bestrahlungsstärke,
A: Oberfläche.

8.2.2 Mathematische Thermalmodelle

Durch die Erstellung mathematischer Thermalmodelle lassen sich mit Hilfe von Rechenanlagen Thermalanalysen erstellen, die die Temperaturverteilung im Raumflugkörper auch zeitvariant berechnen. Entwurfsziel ist hier die Einhaltung von Temperaturintervallen für bestimmte Komponenten. Falls diese Temperaturintervalle nicht eingehalten werden können, verändert der Entwicklungsingenieur mit Hilfe seiner Erfahrung die Entwurfsparameter und überprüft diese Maßnahme im Hinblick auf das Entwurfsziel durch eine weitere Thermalanalyse. In einem iterativen Prozeß wird schließlich das Entwurfsziel erreicht.

Knotenaufteilung

Eine Satellitenstruktur ist ein komplexes Kontinuum, für das es bezüglich seiner Temperaturverteilung keine analytische Lösung gibt. Deshalb wird das Kontinuum in diskrete Anteile zerlegt und durch numerische Berechnungsverfahren gelöst. Hierzu unterteilt man die Struktur in isotherme Massen bzw. Flächenstücke, die Knoten genannt werden, und stellt für jeden dieser Knoten die Wärmebilanz auf. Je feiner man aufteilt, desto genauer kann die Lösung werden.

Die zu wählende Anzahl der Knoten ist von der Aufgabenstellung abhängig. Folgende Richtwerte können angenommen werden

- Angebots- und Definitionsphasen: $\cong$ 50...100 Knoten,
- Entwicklungsphasen: $\cong$ 300...500 Knoten.

Es empfiehlt sich hierbei eine Modularisierung mit dem Ziel, nicht mehr als 200 bis 300 Knoten für den Gesamtsatelliten anzusetzen.

Für die Beurteilung von Vorentwürfen kommt man oft schon mit Knotenzahlen von zehn aus. Wie gut die Temperaturverteilung durch die vorgenommene Knotenaufteilung erfaßt wird, hängt mit von der Erfahrung und Geschicklichkeit des Ingenieurs ab. Läßt sich zwischen zwei benachbarten Knoten ein Wärmeaustausch feststellen, derart, daß sie praktisch immer konstante Temperaturwerte haben, können sie zu einem Knoten zusammengefaßt werden.

Mit diesen Knotenmodellen werden dann die verschiedenen Zustände analysiert, z.B.

- Sommer-/Winter-Solstice,
- Equinox, Synchronorbit,
- Eclipse,
- Transferorbit.

8 Thermalkontrolle

Thermal-Gleichungssystem

In seiner vollständigen Form besteht das mathematische Thermalmodell aus einem Gleichungssystem von nicht-linearen Differentialgleichungen 1. Ordnung (= Bilanzgleichungen der n-Knoten) für die n unbekannten Knoten-Temperaturen.

Für *jeden* Knoten gilt allgemein

$$\frac{dQ}{dt} = \text{Dissipationsleistung des Knotens} \quad (1)$$

$$+ \text{ absorbierte Solarstrahlung} \quad (2)$$
$$+ \text{ absorbierte Albedostrahlung} \quad (3)$$
$$+ \text{ absorbierte Erdeigenstrahlung} \quad (4)$$
$$+ \text{ empfangener Anteil der Emission anderer Knoten} \quad (5)$$
$$- \text{ emittierte Strahlung} \quad (6)$$
$$- \text{ abgeleitete Wärme (an andere Knoten)} \quad (7)$$

oder

$$c_i m_i \frac{dT_i}{dt} = P_{D,i} + \alpha_i A_i (S \cos \psi_{i,s} + S_A \cos \psi_{i,E}) \quad (1, 2, 3)$$

$$+ \varepsilon_i A_i (S_E \cos \psi_{i,E} - \sigma T_i^4) \quad (4, 6)$$

$$+ \varepsilon_i A_i \sigma \sum_{j=1}^{n} \varepsilon_j e_{i,j} T_j^4 \quad (5)$$

$$- \sum_{j=1}^{n} K_{i,j} (T_i - T_j) . \quad (7)$$

Beachte $\quad e_{i,j} A_i = e_{j,i} A_j$

mit m : Masse des Knotens,
A : Oberfläche,
T : absolute Temperatur,
t : Zeit,
c : spezifische Wärme,
α : Absorptionsgrad (solar),
ε : Emissionsgrad (thermisch),
$e_{i,j}$: Konfigurationsfaktor zwischen Knoten i und Knoten j,
$K_{i,j}$: Wärmeleitfaktor zwischen Knoten i und Knoten j,
σ : Stefan-Boltzmann-Konstante,
P_D : Dissipationsleistung,
S : solare Flußdichte,
S_A : Albedo-Flußdichte,
S_E : Erdeigenstrahlungs-Flußdichte,
$\psi_{i,E}$: Einfallswinkel der Erdeigenstrahlung zur Flächennormalen,
$\psi_{i,s}$: dito für Solarstrahlung.

Diese Gleichung wirkt zunächst sehr komplex, sie läßt sich jedoch für die meisten Knoten erheblich vereinfachen.

- Für alle im Inneren des Satellitenkörpers befindlichen Knoten (d.h. keine Sicht zum Weltraum) gilt

  $S = S_A = S_E = 0$.

  Hiermit entfallen die Anteile 2,3,4 der obigen Gleichung.
- Für alle strukturellen Teile kann die Dissipation gleich Null gesetzt werden (Anteil 1).

Der eigentliche Aufwand bei der Erstellung des mathematischen Modells besteht in der Ermittlung der Leitwerte k zur Berechnung der Wärmeleitfaktoren K und in der Ermittlung der Konfigurationsfaktoren e.

Leitwerte

Die zwischen einzelnen Bauteilen auftretenden Leitwerte können in keiner allgemeinen Form ermittelt werden, sie müssen vielmehr für jeden Fall einzeln bestimmt werden. An dieser Stelle sollen drei häufig vorkommende Varianten dargestellt werden, die Bild 8.9 entnommen werden können.

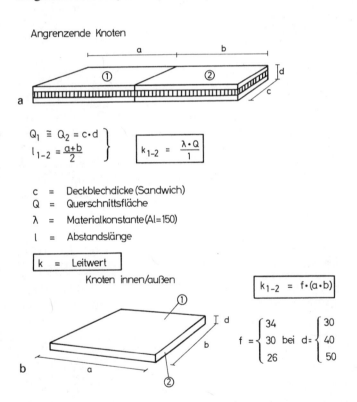

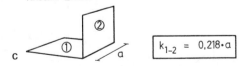

Bild 8.9a–c. Leitwerte; **a** angrenzende Knoten, **b** Knoten innen/außen, **c** Knotenecken

Konfigurationsfaktoren

Der Konfigurationsfaktor $e_{1,2}$ gibt an, wie groß der relative Anteil des von der Oberfläche A_1 ausgehenden Strahlungsflusses S auf die Oberfläche A_2 in Richtung φ_1 ist.

$$\pi S_m dA_1 e_{1,2} = S(\varphi_1) \cos \varphi_1 dA_1 d\omega_1 \qquad (8.1)$$

mit S_m: mittlere Strahlungsflußdichte,
$S(\varphi_1)$: Strahlungsflußdichte in Richtung φ_1,
$d\omega_1$: Raumwinkel, unter dem dA_2 von dA_1 gesehen wird.

$$d\omega_1 = \frac{dA_2 \cos \varphi_2}{r^2}. \qquad (8.2)$$

Bei Lambert-Strahlern ist $S(\varphi) = \text{const} = S_m$. Mit (8.2) wird (8.1) zu

$$dA_1 e_{1,2} = \frac{\cos \varphi_1 \cos \varphi_2 dA_1 dA_2}{r^2}. \qquad (8.3)$$

Daraus folgt

$$A_1 e_{1,2} = \frac{1}{\pi} \int_{A_1} \int_{A_2} \frac{\cos \varphi_1 \cos \varphi_2 dA_1 dA_2}{r^2}. \qquad (8.4)$$

Die Gleichung zeigt, daß das Reziprozitätstheorem gilt

$$A_i e_{1,2} = A_2 e_{2,1}.$$

Schwierigkeiten bei der Arbeit mit dem mathematischen Modell bereitet die Bestimmung der Konfigurationsfaktoren, da das Doppelintegral nur für sehr wenige Spezialfälle lösbar ist. Selbst die numerische Berechnung der Doppelsumme eines Konfigurationsfaktors zweier Knoten, die teilweise gegenüber der Wärmestrahlung durch andere Flächen verdeckt werden, bereitet schon Schwierigkeiten. Darum werden zur Bestimmung der Konfiguration heute ausschließlich folgende Methoden angewendet:

1. *Formfaktometer* (Bild 8.10). Das Formfaktometer ist ein parabolisch gewölbter, durch ein Liniennetz in kleine Flächenstücke aufgeteilter Spiegel. Durch Auszählen der gespiegelten Fläche A' werden die Konfigurationsfaktoren ermittelt mit

$$e_{dA-A_i} = A'/\text{Spiegeloberfläche}.$$

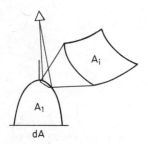

Bild 8.10. Formfaktometer

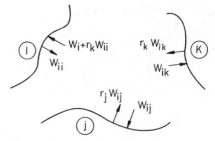

Bild 8.11. Strahlungskopplung

2. *Digitale Simulation.* Mit EDV-Programmen kann der Strahlengang durch die Monte-Carlo-Methode simuliert werden.
Es gilt z.B. zwischen zwei unendlich großen, parallelen Platten

$$e_{1,2} = \frac{1}{\varepsilon_1 + \varepsilon_2 - \varepsilon_1 \varepsilon_2},$$

sowie zwischen zwei unendlich langen, konzentrischen Zylindern

$$e_{1,2} = \frac{1}{\varepsilon_2 + \dfrac{A_1}{A_2}(\varepsilon_1 - \varepsilon_1 \varepsilon_2)}$$

mit A_2: Oberfläche äußerer Zylinder.

Strahlungskopplung (Bild 8.11)

Strahlungskopplung bedeutet, daß ein Knoten j Strahlungsenergie direkt auf einen Knoten i strahlt und außerdem — entsprechend den Konfigurationsfaktoren — noch andere benachbarte Knoten bestrahlt. Da diese Knoten jedoch nur einen Teil dieser Energie absorbieren und den Rest reflektieren, fällt wiederum ein Teil dieser reflektierten Energie auf den Knoten i. Der Knoten i wiederum absorbiert auch nur einen Teil der auf ihn fallenden Strahlungsenergie und reflektiert den Rest auf seine Nachbarknoten.

Diese thermalen Wechselbeziehungen sind im mathematischen Modell möglichst weitgehend zu berücksichtigen, wenn die realen Zustände wirklichkeitsgetreu abgebildet werden sollen. Hierfür sind entsprechende Simulationsprogramme Stand der Technik.

8.3 Technische Lösungen

In der Literatur wird oft zwischen passiver und aktiver Temperaturregelung unterschieden, ohne daß jedoch eine zufriedenstellende Definition gegeben wird, die die Unterschiede zwischen beiden Verfahren klar herausstellt. Zusätzlich taucht außerdem gelegentlich der Begriff der sogenannten „halbpassiven" (semipassiven) Regelung auf.

Die *passive* Temperaturregelung wird dadurch charakterisiert, daß die zulässigen Temperaturgrenzen ausschließlich durch die Formgebung und Materialauswahl eingehalten werden. Es werden weder bewegliche Teile noch elektrische Energie benötigt.

Verfahren, bei denen die Temperaturregelung auf dem Wege der statistischen Phasenumwandlung eines Stoffes erfolgt (Phase Change Materials und Heat Pipes) werden oftmals als semipassiv eingestuft, sie können aber auch zu den passiven Verfahren gezählt werden.

Im Gegensatz hierzu wird eine *aktive* Regelung durch ein Kontrollsystem mit Rückkopplung erreicht, bei dem die Temperatur als kontrollierte Variable fungiert. Hierfür werden im allgemeinen elektrische Energie oder bewegliche Teile eingesetzt, auch Verfahren mit dynamischer Phasenumwandlung eines Stoffes, z.B. Kühlkreisläufe mit Pumpen, zählen zu dieser Kategorie.

Tabelle 8.4. Entwurfsvariable

Verhalten bezüglich	Beeinflußbar durch
Wärmeaufnahme von Solar-, Albedo-, Eigenstrahlung	Absorptionskoeffizient (solar, albedo, eigen) und Formgebung
Wärmeabgabe an den Weltraum	Emissionskoeffizient und Formgebung (Größe der Emitterfläche)
Zeitlicher Wärmeausgleich durch Wärmekapazität	Spezifische Wärmekapazität c und Masse m
Wärmeverteilung durch Strahlung	Oberflächeneigenschaften und Konfigurationsfaktor
Leitung	Wärmeleitkoeffizient und Kontaktflächen (Größe, Anpressung)

8.3.1 Passive Temperaturregelung

Für die Realisierung einer passiven Thermalkontrolle stehen eine Vielzahl von Entwurfsvariablen zur Verfügung (Tabelle 8.4). Da die Geometrie (=Konfiguration) des Raumflugkörpers jedoch meist bereits durch andere Randbedingungen vorbestimmt ist, konzentrieren sich die Möglichkeiten hier auf die Erzeugung bestimmter Oberflächenwerte, auf die Abschirmung extremer Wärmequellen sowie die Ableitung punktueller Thermalbelastungen.

Coating

Unter „Coating" wird die Behandlung einer Oberfläche durch Polieren, Aufrauhen oder Beschichtung mit einem anderen Material verstanden, wobei in erster Linie Farben und „Second Surface Mirrors" (SSMs) benutzt werden.

Eine Vielzahl von Faktoren beeinflußt die Wahl von Material, Oberflächenbeschaffenheit und Coating; so vertragen sich z.B. einige Coatings nicht mit bestimmten geforderten Oberflächeneigenschaften (elektrische Leitfähigkeit). Einen weiteren wichtigen Auswahlfaktor stellt die Degradation während der Lebensdauer eines Satelliten dar, einschließlich der möglichen Kontamination vor und während des Starts. Die Degradation führt zu einer Änderung des Absorptionsvermögens der Sonnenstrahlung, und zwar zu höheren und damit ungünstigeren Werten. Die Emissionswerte hingegen ändern sich nur unwesentlich.

Misch-Coatings

Für jede Fläche lassen sich durch Kombination verschiedener Coatings (z.B. Streifen oder Karos) die α- und ε-Werte in den durch die jeweiligen Coatings vorgegebenen Grenzen beliebig variieren.

Es gelten folgende mittlere Oberflächenwerte für zwei Coatings

$$\alpha_m = \alpha_1 x_1 + \alpha_2(1-x_1); \quad x = \text{relativer Anteil},$$

$$\varepsilon_m = \varepsilon_1 x_1 + \varepsilon_2(1-x_1); \quad 1-x_1 = x_2.$$

Isolierung

Die Aufgabe der thermischen Isolierung ist es, einen Temperaturausgleich, der sich zwischen zwei Elementen unterschiedlicher Temperatur einzustellen versucht, weitestgehend zu verhindern.

Hierzu werden Folien oder Matten (Blankets) in einer Vielschichtanordnung (Multi-Layer Insulation, MLI) verwendet, in der jede der Folien/Matten (aus Metall oder metallisiertem Kunststoff) als „Thermal-Schild" fungieren. Sie sind geknittert oder geprägt, um die Wärmeleitung zwischen den einzelnen Schichten möglichst gering zu halten; der Wärmeübergang erfolgt also größtenteils durch Strahlung.

In Sonderfällen, etwa bei sehr komplexen Formen oder extrem hohen Temperaturen, kommen schwach leitende Materialen wie Schaum oder Keramik zum Einsatz.

In der Praxis wird eine Isolierung insbesondere verwendet bei

- weit außerhalb der Struktur befindlichen Komponenten (Experimente an Auslegern); ein Wärmeverlust soll vermieden werden, um zu tiefe Temperaturen zu vermeiden und um die Temperaturschwankungen beim Wechsel zwischen Sonnen- und Schattenphase zu verringern,
- thermischer Entkopplung zwischen heißen/kalten Baugruppen,
- Bereichen des Satelliten, die nicht als Radiator dienen,
- großflächigen Komponenten (z.B. Antennen) zur Vermeidung von Temperaturgradienten, die zu thermischen Spannungen und Verformungen führen können.

1. *Metallmatten* bestehen aus mehreren Lagen von Metallfolien, die entweder als geknitterte Folien sehr flexibel sind oder aber durch Prägung eine gewisse Eigensteifigkeit bekommen. Diese Isolierung wird als Linde-Isolierung bezeichnet und hat eine maximale Einsatztemperatur von etwa 850 °C. Anwendungsbeispiel: An der Innenseite der Schutzkappe auf der Raketenspitze befestigt, isoliert sie den Satelliten gegenüber der hohen Oberflächentemperatur beim Aufstieg.

2. Die *Superisolation* besteht aus aluminierten Mylar- oder Kapton-Folien von etwa 6 µm Stärke. Die goldüberzogene Außenfolie ist etwa 50 µm dick. Die einzelnen Schichten werden im Ultraschall-Verfahren zu Matten zusammengeschweißt. Diese sehr flexible Isolierung wirkt noch besser als die reine Metallmatte, ist jedoch nur im Temperaturbereich 0 bis 150 °C einzusetzen. Die Befestigung der Matten geschieht durch Schrauben (Nylon oder Titan), Kleber, Klebebänder, Druckknöpfe oder Klettenverschlüsse.

Thermale Schilder

Die Triebwerke des Antriebs- und Lagekontrollsystems erzeugen sehr hohe Temperaturen und müssen daher gegenüber ihrer Umgebung abgeschirmt werden. Diese „Schilder" werden, je nach Anforderungen, aus hochtemperaturfesten Folien aus Stahl, Titan oder Aluminium hergestellt.

Wärmeleitende Materialien

Eine der Hauptaufgaben des Temperaturkontrollsystems ist der Wärmetransport von stark dissipierenden Komponenten zu Regionen des Raumfahrzeugs, von denen die überschüssige Wärme in den Weltraum abgestrahlt werden kann. Typische Materialien hierfür sind für die Struktur: Aluminium- oder Aluminium-Sandwich-Platten sowie spezielle „Filler" zwischen der jeweiligen Komponente und der eigentlichen Struktur.

Bei vielen Satelliten ist es eine spezielle Aufgabe der wärmeleitenden Materialien, als Wärmesenke zu fungieren, die die überschüssige Wärme einer begrenzten Quelle (z.B. eines elektronischen Bauteils) absorbiert, sie verteilt und sie weiter an andere Strukturteile ableitet oder abstrahlt.

Beryllium und Aluminium gehören zu den Materialien, die am ehesten für diese Aufgabe geeignet sind, da sie über eine hohe Wärmeleitfähigkeit bei gleichzeitig niedriger Dichte verfügen. Da Beryllium jedoch nur sehr schwierig zu bearbeiten ist (giftig!), wird Aluminium am häufigsten verwendet. Gelegentlich kommen auch Silber und Kupfer zur Anwendung

Oberflächengestaltung

Bei den Oberflächen wird unterschieden zwischen sonnenbestrahlten Flächen (Absorberflächen) und Flächen, die nicht oder nur mit sehr flachem Einfallswinkel beschienen werden und daher als Radiatoren (Emitterflächen) Verwendung finden. Bei Emitterflächen ist praktisch nur die Variation von ε von Bedeutung (mit steigender Temperatur soll ε zunehmen), während bei Absorberflächen neben dem α-Wert auch der ε-Wert von Bedeutung ist, da diese Flächen auch immer Energie abstrahlen. Hier sollte bei steigender Temperatur der α-Wert sinken, der ε-Wert aber steigen.

Bimetallschuppen

Eine weitere Möglichkeit der Oberflächengestaltung beruht auf der Verwendung von Bimetallblättern, die schuppenförmig auf der Raumfahrzeug-Außenhaut montiert werden. Bimetallblätter erhält man durch die feste Verbindung zweier aufeinanderliegender Metallblätter mit unterschiedlichen Ausdehnungskoeffizienten. Durch sie kann man bei unterschiedlichen Oberflächeneigenschaften von Außenhaut und der Bimetallschuppen eine gewisse aktive Regelcharakteristik der Oberfläche erreichen.

Für die Oberflächen gibt es eine breite Palette von Möglichkeiten wie z.B. polierte Oberflächen, schwarze oxidierte Oberflächen oder einen speziellen Farbanstrich, der aber sehr elastisch sein muß, da sonst die Gefahr des Abplatzens besteht.

Die Regelung erfolgt dadurch, daß sich die Bimetallschuppe je nach Temperatur der Raumfahrzeug-Außenhaut mehr oder weniger stark aufbiegt und so die Außenhautfläche mehr oder weniger stark bedeckt. Voraussetzung ist hier jedoch ein sehr guter Wärmekontakt zwischen Außenhaut und Bimetallschuppe.

8.3.2 Semipassive Temperaturregelung

Halbpassive (=halbaktive) Thermalkontrolle bedeutet hier, daß ein Verfahren angewandt wird, das zwar wie ein aktives System arbeitet, dabei jedoch keine elektrische Energie benötigt. Insbesondere zwei Verfahren können unterschieden werden

- Temperaturregelung durch statische Phasenumwandlung
- Wärmerohre (Heat Pipes).

Phasenumwandlung

Obwohl prinzipiell ein sehr attraktives Verfahren zur Thermalkontrolle, sind PCM-Vorrichtungen (Phase Change Materials) bis heute in der Praxis nicht angewendet worden.

Das Prinzip basiert im wesentlichen auf der Zustandsänderung (fest/flüssig) geeigneter Materialien. Das System selbst besteht aus einem Behälter, der mit einem dieser Materialien gefüllt ist. Steigt die Temperatur der Satellitenoberfläche – entweder als Folge äußerer Strahlungseinflüsse oder innerer Dissipation – absorbiert das PCM diese überschüssige Wärme, indem es schmilzt (flüssiger Zustand). Sinkt die Temperatur wieder, so kehrt das PCM in den festen Zustand zurück und gibt die gespeicherte Wärme wieder ab.

Zu beachten ist, daß sich bei der Phasenumwandlung das Volumen des PCM ändert. Die Vorratsbehälter sind aus diesem Grund mit flexiblen Membranen aus Metall oder Gummi ausgestattet.

Heat Pipes

Bild 8.12 stellt den Phasenkreislauf eines Wärmerohres dar. Ein Wärmerohr besteht aus einem geschlossenen Behälter mit innenliegender Kapillarstruktur, die mit einem Arbeitsmedium gefüllt ist. Wird das Rohr an einem Ende erwärmt, verdampft die Flüssigkeit, und der entstehende Dampf bewegt sich nun aufgrund des Druckgefälles zur Kühlzone. Hier kondensiert das Medium unter Abgabe der transportierten Wärme und fließt durch die Kapillardruckdifferenz zur Verdampfungszone zurück. Zwei in ihrer Ausführung und Anwendung unterschiedliche Arten von Heat Pipes sind bis heute entwickelt und eingesetzt worden.

- *Constant Conductance Heat Pipes (CCHP)*. Bei diesem Prinzip besteht das Wärmerohr aus einer einfachen, an beiden Enden geschlossenen Röhre (Bild 8.13). Besteht eine Temperaturdifferenz zwischen beiden Enden, wird das Arbeitsmedium versuchen, ein thermisches Gleichgewicht zu erreichen. In der Verdampfungszone wird mehr Flüssigkeit verdunstet und durch den Druckunterschied zum Kondensator (der zumeist als Radiator fungiert) transportiert. Infolge der Abkühlung verflüssigt sich das Arbeitsmedium wieder und kehrt zum Verdampfer zurück. Dieser Rückkehrprozeß (Oberflächenspannung) wird durch Dochte oder axial gefräste Nuten (entsprechend den Zügen im Gewehrlauf) ermöglicht.

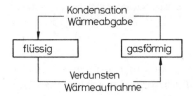

Bild 8.12. Heat Pipe – Prinzip

96   8 Thermalkontrolle

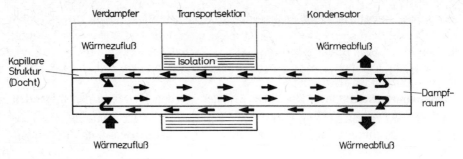

Bild 8.13. Heat Pipes (CCHP)

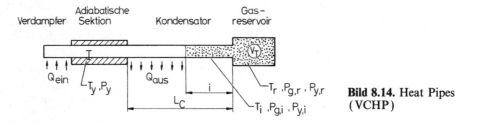

Bild 8.14. Heat Pipes (VCHP)

- *Variable Conductance Heat Pipes (VCHP)*. Im Gegensatz zu den CCHPs, bei denen stets eine gleich große Fläche (Kondensatorlänge) zur Verfügung steht, ermöglicht die VCHP eine Anpassung der Wärmeabgabe an die Betriebsverhältnisse des Satelliten. Der prinzipielle Aufbau einer VCHP ist in Bild 8.14 dargestellt.

Die grundlegende Idee der VCHP beruht auf der Integration einer vorbestimmten Menge eines nichtkondensierenden Gases, das während des Betriebs der Heat Pipe den Fluß des verdampften Arbeitsmediums blockiert. Je nach Betriebsverhältnis im Inneren der Heat Pipe wird auf diese Weise ein bestimmter Abschnitt des Kondensatorbereichs „abgeschaltet".

Bisher sind VCHPs lediglich zu Testzwecken auf Satelliten geflogen, ein Einsatz auf Anwendungssatelliten hat noch nicht stattgefunden.

8.3.3 Aktive Temperaturregelung

Eine aktive Temperaturregelung wird durch ein Rückkopplungssystem erzielt, bei dem die Temperatur die zu kontrollierende Größe darstellt. Die Vorteile derartiger Systeme liegen in der Einhaltung sehr enger thermischer Betriebsgrenzen bei veränderlichen Umweltbedingungen mit zeitlich stark schwankenden Temperaturen sowie der Möglichkeit, auch große Wärmemengen abführen zu können. Die Nachteile liegen bei erhöhter Komplexität und zusätzlichem Energiebedarf.

Heizelemente

Heizelemente werden eingesetzt, wenn eine Minimaltemperatur eines Bauteils aufrechterhalten werden muß und nicht genügend Wärme intern erzeugt oder von der Sonne absorbiert werden kann. Sie werden betrieben, indem Strom durch einen Widerstand geleitet wird. Je nach Einsatz sind die Heizer entweder ständig im Betrieb, werden mittels Sensoren ein-/ausgeschaltet, oder sie werden über eine Rückkopplung gesteuert, die die Stromstärke variiert mit dem Ziel, eine konstante Bauteil-Temperatur einzuhalten.

Bei einem Satelliten heutiger Technologie werden Heizer in den folgenden Untersystemen eingesetzt

- Nutzlast: Als Wärmequelle zum Ausgleich wechselnder Betriebszustände.
- AOCS: Sensoren befinden sich im allgemeinen an thermisch exponierten Stellen des Satelliten, zur Aufrechterhaltung der Betriebstemperatur sind Heizer erforderlich.
- TTC: Ähnliches gilt für das TTC-Antennensystem.
- Energieversorgung: Batterien müssen sehr enge Temperaturgrenzen einhalten.
- Antriebssystem: Hydrazinsysteme erfordern Temperaturen $>9\,°C$, Zweistoffsysteme mindestens $0\,°C$. Die Komplexität von Tanks, Triebwerken und Rohrleitungen machen Heizer erforderlich.
- ABM: Feststoffmotoren erfordern Zündtemperaturen/Mindesttemperaturen von $0\,°C$.

Die Heizelemente können vom Boden gesteuert werden, dann wird das TTC-System sowohl für die Temperaturkontrolle (Telemetrie) als auch für die Steuerung der Heizer (Telekommando) eingesetzt, sie können aber auch automatisch an Bord des Satelliten geregelt werden. Bei letzterer Variante bieten sich folgende Möglichkeiten an

- mechanische Relais, überwacht durch einen Mikroprozessor.
- elektrische Schalter, gesteuert durch einen Regelkreis, z.B. mittels einer „Heater Control Unit" (HCU),
- mechanische Schalter, die durch ein Bimetall gesteuert werden.

Louvers

Die Anbringung von Blenden, die sich bei einer Temperaturänderung öffnen oder schließen und damit eine Variation der Oberflächeneigenschaften bewirken, sind schon sehr früh in der aktiven Temperaturregelung eingesetzt worden und haben sich immer wieder ausgezeichnet bewährt. Der am häufigsten verwendete Typ, die Lamellenblende, besteht aus fünf Hauptkomponenten

- Grundplatte,
- Lamellen (blades),
- Antrieb,
- Sensorelement,
- Strukturelemente.

Die Grundplatte, die den thermisch zu kontrollierenden Bereich bedeckt, verfügt über ein geringes Absorptions-/Emissions-Verhältnis. Die über einen Antrieb bewegten Lamellen sind jene Elemente, die die Variation der Strahlungscharakteristik der Grundplatte ermöglichen.

- Sind sie geschlossen, schirmen sie die Platte völlig von der Umgebung ab,
- im geöffneten Zustand hingegen kann die Platte vollständig als Radiator wirken.

Durch verschiedene Zwischenstellungen lassen sich beliebige Charakteristika einstellen. Die Steuerung der Lamellenelemente erfolgt über temperaturabhängige Sensoren in der Grundplatte, bis heute werden im allgemeinen Bimetallbälge und -spiralen als Antriebselemente verwendet, obwohl auch elektrische Vorrichtungen denkbar sind.

Während die Gesamtsteuerung eines ganzen Blendensystems relativ einfach ist, bietet die Einzelsteuerung der einzelnen Lamellen eine feinere Anpassung an unterschiedliche Oberflächentemperaturen. Bei einer geeigneten Anbringung des Stellgebers (und Meßgebers) läßt sich erreichen, daß die Blenden genau von der zu regelnden Temperatur der Raumfahrzeug-Komponente verstellt werden.

Blenden (Shutters)

Der Einsatz von Blenden bzw. „Vorhängen" zur Variation der Strahlungscharakteristik einer Satellitenoberfläche ähnelt in seiner Technik stark den Louvers. Hierbei wird ein Kunststoffilm mit verschiedenen Querschnitten mittels eines Antriebes von einer Vorratsrolle über die zu kontrollierende Oberfläche gezogen. Da diese „Jalousie" in beide Richtungen bewegt werden kann, ist jede beliebige „Auf+Zu-Position" des Radiators einstellbar.

Obwohl diese Technik entwickelt und qualifiziert worden ist, ist sie bis heute noch nicht in der Praxis angewandt worden.

Kühlkreisläufe

Durch ein kreisförmig geschlossenes Rohrsystem, das auf der einen Seite mit der thermisch zu regelnden Komponente, auf der anderen mit einer Abstrahlfläche (Radiator) in gutem Wärmekontakt verbunden ist, strömt ein Medium (meist Flüssigkeit). Das Medium unterliegt auch evtl. einem Phasenwechsel. Die Druckverluste, die durch die Reibung an der Rohrinnenseite entstehen, werden durch eine Pumpe kompensiert.

Indem die Flüssigkeit die Dissipationswärme der Satelliten-Komponente aufnimmt, transportiert und über die Abstrahlfläche in den Raum emittiert, wird konvektiver Wärmeabfluß erreicht. Durch Änderung der Umlaufgeschwindigkeit als Funktion der Temperatur ändert sich ebenfalls der abgeführte Wärmefluß, so daß hiermit eine aktive Regelcharakteristik geschaffen werden kann.

Bis heute sind derartige Kühlsysteme ausschließlich bei kurzen Missionen (<1 Jahr) und/oder bemannten Einsätzen verwendet worden, da die Lebensdauer der Umwälzpumpen für lange Missionen nicht ausreicht (geringe Zuverlässigkeit). Vorgesehen ist ein aktiver Kühlkreislauf z.Zt. für die Temperaturregelung der Experimente auf der EURECA-Plattform (geplante Missionsdauer: 6 Monate).

9 Lageregelung

Während es die Aufgabe der Bahnregelung ist, die translatorischen Bewegungen eines Satelliten zu regeln, ist die Lageregelung für die rotatorischen Freiheitsgrade zuständig. Ein Satellit besitzt drei voneinander unabhängige Freiheitsgrade der Rotation und benötigt daher im allgemeinen drei Regelkreise zu ihrer Kontrolle.

Wenn der Satellit keine wesentlichen rotierenden Massen (z.B. Schwungräder) enthält, sind die drei Regelkreise voneinander entkoppelt und können einzeln dimensioniert werden. In diesem Fall spricht man von einer Dreiachsenstabilisierung. Andernfalls, wenn der Satellit oder Teile des Satelliten rotieren, hat man es mit einer Drallstabilisierung zu tun. Beide Fälle sollen nacheinander behandelt werden.

9.1 Dreiachsenstabilisierung

Bild 9.1 stellt die wesentlichen Elemente eines konventionellen Regelkreises für die Regelung eines Freiheitsgrades (α) dar. Der zu regelnde Lagewinkel wird von einem geeigneten Sensor gemessen und in eine elektrische Spannung $U_{\alpha 1}$ proportional zum Lagewinkel umgeformt. Das nachfolgende Filter erfüllt meistens zwei Aufgaben: Es dämpft hochfrequentes Rauschen des Sensors, und es enthält einen differenzierenden Teil, der die Stabilisierung des Regelkreises besorgt.

Das gefilterte Lagesignal — die Spannung $U_{\alpha 2}$ — wird mit der Spannung $U_{S\alpha}$ — dem Lagesollwert — verglichen, und die Differenz wird dem Stellglied zugeleitet, das entsprechend ein Regelmoment M_α erzeugt. Zunächst wird angenommen, daß das Regelmoment proportional dem Eingangswert ΔU_α ist. Die Differenz zwischen Regelmoment M_α und Störmoment $M_{S\alpha}$ wirkt nun auf die

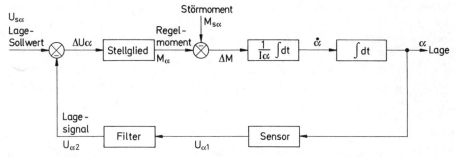

Bild 9.1. Blockdiagramm für die Regelung des Lagewinkels um eine Hauptträgheitsachse

9 Lageregelung

Regelstrecke, den Satelliten, der um diese Achse ein Trägheitsmoment I_α besitzt. Man erhält die dynamische Beziehung

$$\dot\alpha = \frac{1}{I_\alpha}\int\Delta M\,dt, \qquad (9.1)$$

$$\alpha = \int\dot\alpha\,dt.$$

Das bedeutet, daß die Regelstrecke doppelt integrierend ist. Wird solch eine Strecke direkt geschlossen, so ergibt sich eine unakzeptable konstante Oszillation. Tritt noch eine weitere Verzögerung hinzu, so wird der Regelkreis instabil. Aufgabe des vorher besprochenen Filters ist es daher, der doppelten Integration der Regelstrecke genügend differenzierendes Verhalten gegenüberzustellen.

Dieses Regelungskonzept funktioniert, solange das Stellglied proportionales Verhalten aufweist, d.h. ein Stellmoment abgibt, das ΔU_α proportional ist. Stellglieder zur Lageregelung eines Satelliten sind hauptsächlich kleinere Triebwerke, die, sobald sie geöffnet sind, vollen Schub abgeben. Um das Stellmoment in Grenzen zu halten, werden die Triebwerke im allgemeinen gepulst. Eine Möglichkeit, die Triebwerkscharakteristik zu linearisieren, besteht darin, die Pulsfrequenz bei fester Pulslänge proportional zum Regelsignal ansteigen zu lassen. Dabei können jedoch Eigenresonanzen der Satellitenstruktur und seiner Ausleger angeregt werden.

Will man diese Gefahr vermeiden, so empfiehlt sich eine nichtlineare Regelung, bei der Pulsfrequenz und Pulslänge fest eingestellt sind. Das Restsignal wird mit einem vorgegebenen positiven und negativen Schwellwert verglichen. Liegt es innerhalb dieses Wertes, so bleiben die Triebwerke geschlossen. Wird der positive Schwellwert überschritten, so wird das negative Triebwerk so lange aktiviert, bis der Schwellwert wieder unterschritten ist. Entsprechend spricht der negative Schwellwert das positive Triebwerk an.

In der beschriebenen Form ist der Regelkreis noch nicht stabil, sondern würde eine ungedämpfte Oszillation ausführen. Um ihn zu dämpfen, wird zu dem Schwellwert die Differentiation des Regelsignals $\Delta\dot U_\alpha$ hinzuaddiert, bevor es mit dem Schwellwert verglichen wird.

Bild 9.2 erläutert das beschriebene Regelungsprinzip in der sogenannten Phasenebene, in der ΔU_α gegen $\Delta\dot U_\alpha$ aufgetragen ist. Fall (a) stellt eine reine

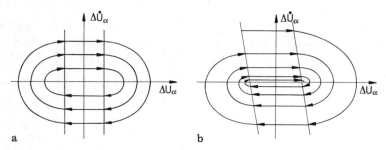

Bild 9.2. a Schwellwertregelung in der Phasenebene, **b** stabile Regelung durch Neigung der Schaltgeraden

Schwellwertregelung dar. Zwischen den beiden Schwellwertgrenzen laufen alle Linien parallel, da kein Drehmoment aufgebracht wird und somit die Drehgeschwindigkeit $\Delta \dot{U}_\alpha$ konstant bleibt. Außerhalb dieses Bereiches werden die Bahnen parabelförmig verbogen. Je nach Wahl des Anfangswertes für ΔU_α und $\Delta \dot{U}_\alpha$ bewegt man sich dann auf mehr oder weniger großen, aber in sich geschlossenen Bahnen im sogenannten Limit Cycle.

Fall (b) besteht aus denselben Elementen, nur sind die beiden Schaltgeraden geneigt, da die Summe von ΔU_α und $\Delta \dot{U}_\alpha$ als Entscheidungskriterium herangezogen wird. Wie man sieht, laufen jetzt alle Bahnen spiralenförmig nach innen, d.h. der Regelkreis ist stabil.

Die Breite der Totzone wird einerseits möglichst klein gehalten, da sie einen Verlust an Regelgenauigkeit bedeutet. Andererseits muß sie der Pulsfähigkeit der Triebwerke angepaßt werden, um zu verhindern, daß positives und negatives Triebwerk gegeneinander ankämpfen, ohne daß ein Störmoment vorliegt. Je kleiner der einzelne Triebwerksimpuls gehalten werden kann, desto enger kann die Totzone gesteckt werden.

Dieser Triebwerksbetrieb ist relativ robust und kann auch mit größeren, unvorhergesehenen Störmomenten fertig werden. Störend sind jedoch die hohe Beanspruchung der Triebwerke, der Treibstoffverbrauch und der unruhige Betrieb, der z.B. bei genauen astronomischen oder terrestrischen Beobachtungen nicht toleriert werden kann. Hier hilft man sich durch den Einsatz eines Reaktionsrades, dessen Beschleunigungsmoment proportional zum Regelsignal gehalten wird und dessen ebenso starkes Reaktionsmoment auf den Satelliten für die anfangs besprochene proportionale Stabilisierung sorgt. Hält das Störmoment über längere Zeit an, so akkumuliert das Reaktionsrad eine Drehzahländerung, die durch zeitweiliges Pulsen der Triebwerke wieder entladen werden muß.

9.2 Drallstabilisierung

Bei der Drallstabilisierung wird der Satellit oder ein wesentlicher Teil des Satelliten, z.B. ein dafür vorgesehenes Drallrad, in Drehung versetzt, so daß ein verhältnismäßig großer Drallvektor aufgebaut wird. Rotiert der ganze Satellit oder große Teile des Satelliten, so genügt eine verhältnismäßig niedrige Drehzahl (z.B. 60 U/min) zum Aufbau des Drallvektors. Rotiert nur ein Drallrad, ist entsprechend eine höhere Drehzahl (z.B. 4 000 U/min) erforderlich.

Nach dem Drallerhaltungsgesetz, das im folgenden diskutiert werden soll, bleibt die Richtung des Drallvektors unverändert, solange keine äußeren Störmomente auftreten. Tritt ein Störmoment auf, so bewirkt es, daß der Drallvektor (und damit der Satellit) mit konstanter Drehgeschwindigkeit, die proportional dem Störmoment ist, präzediert. Ist der Drallvektor im Verhältnis zum Störmoment ausreichend dimensioniert, so liegt die Präzessionsrate bei Bruchteilen von Graden pro Tag. Um den Drallvektor in seine Nominallage zurückzubringen, müssen daher von Zeit zu Zeit Entlademanöver durchgeführt werden mit Stellgliedern, die ein äußeres Drehmoment erzeugen können, wie z.B. Triebwerke, Magnetspulen oder Klappen zum Verändern des Sonnendrucks.

Der Vorteil der Drallstabilisierung liegt darin, daß von den drei erforderlichen Regelkreisen zur Lagekontrolle zwei passiv vorstabilisiert werden, während der

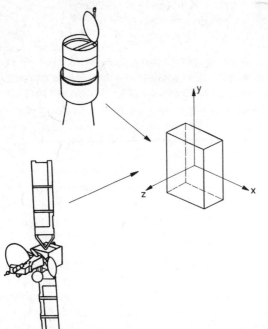

Bild 9.3. Überführen von Satellitenstrukturen in Trägheitsquader homogener Massenverteilung. x,y,z sind Hauptträgheitsachsen

Regelkreis um die Drallachse konventionell bleibt. Auf diese Weise kann man mit Sensoren und Stellgliedern arbeiten, die nur zeitweise zur Verfügung stehen.

Bild 9.3 erläutert den Begriff des Dralls (oder Drehimpulses): Jeder beliebig geformte feste Körper kann bezüglich seiner Trägheit gegenüber Rotationsbeschleunigung durch einen Quader mit gleichmäßiger Massenverteilung vertreten werden. Der Quader (und der Satellit) besitzt drei aufeinander senkrecht stehende Hauptträgheitsachsen x, y, z (die Symmetrieachsen des Quaders) und um diese Achsen die Hauptträgheitsmomente I_x, I_y, I_z. Die Lage der Hauptachsen im Satelliten und die Größe der Trägheitsmomente können mit einer Auswuchtmaschine ermittelt werden.

Der Drallvektor **H** ist das skalare Produkt zwischen dem Trägheitsvektor (genauer: Trägheitstensor) **I** und dem Drehgeschwindigkeitsvektor **ω**

$$\mathbf{H} = \mathbf{I} \cdot \boldsymbol{\omega}. \tag{9.2}$$

Zum praktischen Gebrauch läßt sich diese Vektorgleichung in drei skalare Gleichungen aufspalten

$$H_x = I_x \omega_x,$$
$$H_y = I_y \omega_y,$$
$$H_z = I_z \omega_z. \tag{9.3}$$

Der Drallerhaltungssatz sagt aus, daß die zeitliche Änderung des Drallvektors sowohl bezüglich seiner Größe als auch seiner Richtung gleich Null ist, solange keine äußeren Störmomente einwirken. Von dieser Annahme soll zunächst

ausgegangen werden
$$\dot{H}=0. \tag{9.4}$$

Diese fundamentale Gleichung gilt im inertialen Koordinatensystem. Da hier als Bezugssystem das körperfeste Achsenkreuz des Satelliten (Index K) interessiert, der allgemein mit der Drehzahl ω rotiert, muß nach den Regeln der Vektorrechnung eine Umformung vorgenommen werden

$$\dot{H}_K = -\omega \times H_K \tag{9.5}$$

oder zerlegt in drei skalare Gleichungen:

$$\dot{H}_x = -\omega_y H_z + \omega_z H_y,$$
$$\dot{H}_y = -\omega_z H_x + \omega_x H_z,$$
$$\dot{H}_z = -\omega_x H_y + \omega_y H_x. \tag{9.6}$$

Dies sind die Eulersche Differentialgleichungen, die allgemein die Drehbewegung eines starren Körpers oder, wie später noch diskutiert wird, auch mehrerer miteinander verbundener Körper beschreiben.

9.2.1 Single Spinner

Zunächst soll die Dynamik eines einzigen festen Körpers (Single Spinner) besprochen werden, dessen Drallkomponenten sich aus (9.3) bestimmen lassen. Wenn man nach den Drehgeschwindigkeiten auflöst, erhält man

$$\omega_x = \frac{H_x}{I_x},$$
$$\omega_y = \frac{H_y}{I_y},$$
$$\omega_z = \frac{H_z}{I_z}. \tag{9.7}$$

Mit diesen Beziehungen können die Drehzahlkomponenten in (9.6) durch Drallkomponenten ersetzt werden

$$\dot{H}_x = -\frac{H_y H_z}{I_y} + \frac{H_z H_y}{I_z},$$
$$\dot{H}_y = -\frac{H_z H_x}{I_z} + \frac{H_x H_z}{I_x},$$
$$\dot{H}_z = -\frac{H_x H_y}{I_x} + \frac{H_y H_x}{I_y}. \tag{9.8}$$

Man hat es hier mit einem System von drei nichtlinearen Differentialgleichungen erster Ordnung zu tun, von dem keine geschlossene Lösung existiert. Eine Möglichkeit, mit diesen Gleichungen zu arbeiten, besteht in ihrer Linearisierung.

Dies ist zulässig, solange eine Drallkomponente, z.B. H_x, deutlich gegenüber den anderen überwiegt, d.h. solange der Satellit im wesentlichen um eine seiner

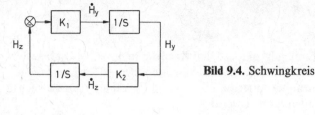

Bild 9.4. Schwingkreis

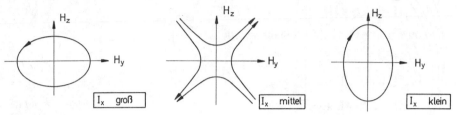

Bild 9.5. Fallunterscheidung der Rotationsachse in der Phasenebene

Hauptachsen rotiert. Man kann dann folgendermaßen vereinfachen

$$\dot{H}_x \cong 0 \rightarrow H_x \cong \text{const},$$

$$\dot{H}_y = \left(\frac{1}{I_x} - \frac{1}{I_z}\right) H_x H_z = K_1 H_z,$$

$$\dot{H}_z = -\left(\frac{1}{I_x} - \frac{1}{I_z}\right) H_x H_y = -K_2 H_y. \tag{9.9}$$

Jetzt ist die erste Gleichung entkoppelt, und die beiden anderen bilden ein *lineares* Differentialgleichungssystem zweiter Ordnung, das nach Bild 9.4 einen negativ rückgekoppelten Schwingkreis darstellt. Die negative Rückkopplung besteht, solange K_1 und K_2 entweder beide positiv oder beide negativ sind, wenn also I_x entweder größer oder kleiner als beide übrigen Trägheitsmomente ist.

Liegt I_x zwischen I_y und I_z, so liegt positive Rückkopplung vor, und die Bewegung divergiert. Bild 9.5 stellt diese Fallunterscheidung noch einmal in der Phasenebene dar. Die Bahnen, die der Drallvektor im körperfesten Bezugssystem (oder: das körperfeste Satellitensystem gegenüber dem inertial fest bleibenden Drallvektor) beschreibt, *solange* kein äußeres Störmoment auftritt, werden als *Nutation* definiert. Im allgemeinen handelt es sich hier um geschlossene Kurven, die sogenannten Nutationskegel, die sich nur dann nicht einstellen, wenn der Satellit um seine mittlere Trägheitsachse rotiert, ein Fall, der vermieden werden muß.

Die anderen beiden Fälle sind bedingt stabil, d.h. die geschlossenen Nutationskegel bleiben erhalten, solange keine wesentliche Dämpfung im Innern des Satelliten (durch z.B. Treibstoffschwappen) auftritt. Andernfalls stabilisiert die Dämpfung im ersten Fall, wo die Rotation um die größte Trägheitsachse erfolgt, und destabilisiert im zweiten Fall. Zusammengefaßt läßt sich sagen

9.2 Drallstabilisierung

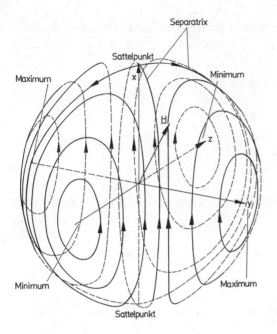

Bild 9.6. Nutationskegel in der dreidimensionalen Phasenebene

- die Rotation um die größte Hauptachse ist absolut stabil,
- die Rotation um die mittlere Hauptachse ist instabil,
- die Rotation um die kleinste Hauptachse ist bedingt stabil.

Will man den allgemeinen Fall des Gleichungssystems (9.8) analysieren, so empfiehlt sich der Einsatz eines programmierbaren Rechners. Das einfachste und ausreichend genaue Näherungsverfahren besteht darin, den Differentialquotienten $\dot x = dx/dt$ durch den endlichen Quotienten $\Delta x/\Delta t$ zu ersetzen, wobei Δt klein genug gewählt werden muß, um eine ausreichende Genauigkeit zu erzielen. Daß die Genauigkeit ausreicht, kann man daran erkennen, daß man geschlossene Nutationskegel erhält. Größenordnungsmäßig empfiehlt es sich, für Δt ein Hundertstel der erwarteten Nutationsperiode zu wählen.

Wie Bild 9.6 zeigt, erhielt man je nach Wahl der Anfangsbedingungen geschlossene, zum Teil verformte Nutationskegel um die Endpunkte der positiven und negativen y-Achse und der positiven und negativen z-Achse. Die Endpunkte der positiven und negativen x-Achse, der Achse mit dem mittleren Trägheitsmoment, werden offensichtlich vermieden. Durch diese singulären Punkte verläuft die Separatrix, zwei nicht unbedingt senkrecht aufeinander stehende Meridiane, die die einhüllende Kugeloberfläche in vier getrennte Sektoren einteilt.

Allgemein läßt sich sagen, daß die einhüllende Kugeloberfläche den geometrischen Ort für konstanten Drall darstellt. Die geschlossenen Nutationskegel sind der geometrische Ort für sowohl konstanten Drall als auch jeweils konstante Energie. Sie müssen daher geschlossen sein, solange keine Energie zu- oder abgeführt wird. Die Kegel um die y-Achse, d.h. die Achse mit dem *kleinsten* Trägheitsmoment, besitzen die höchste Energie, während umgekehrt die Kegel um die z-Achse die niedrigste Energie besitzen. Das ist einleuchtend, wenn man die

9 Lageregelung

Beziehung zwischen Energie E, Drall H und Drehzahl ω betrachtet

$H = \text{const}$,

$E_x = \dfrac{1}{2}\omega_x \cdot (\omega_x I_x)$,

$E_y = \dfrac{1}{2}\omega_y \cdot (\omega_y I_y)$,

$E_z = \dfrac{1}{2}\omega_z \cdot (\omega_z I_z)$. (9.10)

Ist I groß, dann muß wegen H=const ω klein sein, und damit ist E auch klein. Außerdem fällt auf, daß das Vorzeichen von ω keine Rolle spielt, was erklärt, daß

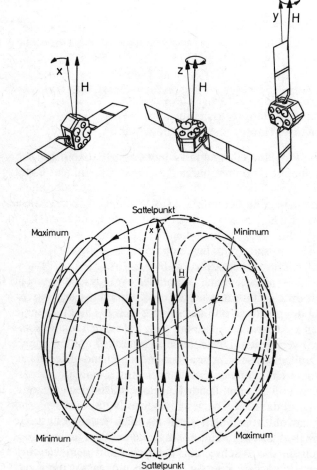

Bild 9.7. Satellitenhauptträgheitsachse und Bahn des Drallvektors in der Phasenebene

es genau zwei Energiemaxima, zwei Energieminima und zwei Sattelpunkte auf der Kugeloberfläche gibt.

Da räumliches Vorstellungsvermögen erfahrungsgemäß schwierig ist, erklärt Bild 9.7 noch einmal den hier gewählten Standort des Beobachters, der sich mit dem Satelliten in Rotation befindet und zu seiner Orientierung einen sphärischen Kompaß beobachtet, in dem er die augenscheinliche Bewegung der Kompaßnadel verfolgt. Er beobachtet, daß, wie besprochen, die Kompaßnadel vorzugsweise um die y- und z-Achse kreist.

Ein außenstehender Beobachter würde feststellen, daß die Magnetnadel H im Raum feststeht und statt dessen entweder die y- oder die z-Achse geschlossene Kreise um die Kompaßnadel ausführen, während die x-Achse von der Nadel wegstrebt. Im Prinzip sind beide Standorte möglich. Der raumfeste Standort ist uns gewohnter, jedoch läßt sich die Nutation vom körperfesten Standort aus einfacher beschreiben, weshalb dieser Standort zunächst beibehalten wird.

9.2.2 Dual Spinner

Um das Prinzip der Dämpfung durch Energiezufuhr oder -abfuhr zu erläutern, muß der bisher starre Satellit mit einem Gerät bestückt werden, das kinetische Energie zum Beispiel in Wärme umwandeln kann. Hierzu wird ein Schwungrad gewählt, dessen Drehzahl zum Beispiel durch Gas- und Lagerreibung proportional zu seiner Drehzahl abgebremst wird. Man erhält damit als zusätzliche Variable den Drall des Rades H_d und die zusätzliche Beziehung

$$\dot{H}_d = -DH_d,$$

wobei D der proportionale Dämpfungsfaktor ist. Zusätzlich gilt (9.6) mit der entsprechenden Erweiterung

$$\begin{aligned}\dot{H}_x &= -\omega_y H_z + \omega_z(H_y + H_d), \\ \dot{H}_y + \dot{H}_d &= -\omega_z H_x + \omega_x H_z, \\ \dot{H}_z &= -\omega_x(H_y + H_D) + \omega_y H_x.\end{aligned} \quad (9.11)$$

Für die Computersimulation wählt man am besten als Anfangsbedingung $H_d = 0$ und $D \neq 0$. Bild 9.8 zeigt das Simulationsergebnis für einen Anfangswert nahe am Energiemaximum, der bedingt stabilen y-Achse. Durch die Energieentnahme ist die Nutationskurve nicht mehr geschlossen, sondern öffnet sich, bis die Separatrix überschritten wird, wonach die Kurve spiralenförmig auf das Energieminimum zuläuft. Die Entscheidung, welcher Ast der Separatrix überschritten und damit welches der beiden Minima angesteuert wird, ist von kleinen Parameterschwankungen abhängig. Bild 9.9 zeigt eine Simulation, bei der die Anfangswerte geringfügig verändert wurden und die zum Einschwingen auf das entgegengesetzte Energieminimum führt.

Zusammenfassend läßt sich sagen, daß ein Satellit, der nach Bild 9.10 um seine Achse mit geringstem Trägheitsmoment rotiert, unter dem Einfluß eines internen passiven Dämpfers (wie z.B. Treibstoffschwappen) die Tendenz besitzt, in den Flat-Spin-Zustand überzugehen, wobei es vom Zufall abhängt, ob am Ende die Antennenplattform nach oben oder nach unten zeigt.

108 9 Lageregelung

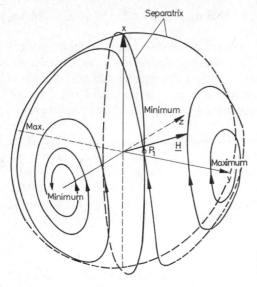

Bild 9.8. Verlauf des Drallvektors in der Phasenebene beim gedämpften System

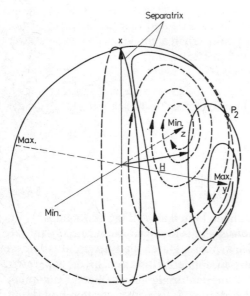

Bild 9.9. Verlauf des Drallvektors in der Phasenebene beim gedämpften System

Durch entsprechende Wahl der Anfangsbedingungen für $H_d \neq 0$ und mit $D=0$ kann auch der Fall der Drallradstabilisierung simuliert werden. Bild 9.11 zeigt für verschiedene Werte von H_d, daß sich die Energieverteilung auf der Kugeloberfläche durch die angesteuerte Drehzahl des Rades verändern läßt. Solange die Drehzahl gleich Null ist, sind die stabilen Energieminima am Ende der z-Achse zu finden. Sobald ein Drallvektor des Rades aufgebaut wird, verschieben sich die beiden Minima auf der Kugeloberfläche in derselben Richtung, bis ab einer bestimmten Drehzahl, die noch unterhalb der Nenndrehzahl liegt, beide Minima

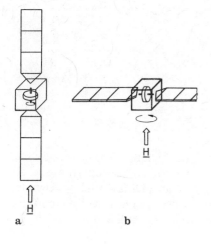

Bild 9.10a, b. Flat-Spin-Zustand; **a** nominale Konfiguration, **b** Flat-Spin Konfiguration

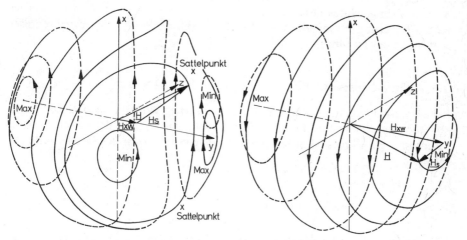

Bild 9.11. Variation der Energieverteilung durch Drehzahländerung des Drallrades

in einem einzigen vereinigt werden, dessen Richtung durch die Richtung des Drallvektors des Rades bestimmt wird. Das Drallrad ist also in der Lage, einen Satelliten um jede gewünschte Drallachse zu stabilisieren, auch wenn diese ursprünglich instabil ist.

Damit ist ein Satellit wie zum Beispiel OTS in seiner nominalen Konfiguration stabil, solange sein Drallrad mit zumindest annähernder Nenndrehzahl läuft. Unterschreitet sie einen bestimmten Wert, so divergiert der Satellit in Richtung Flat Spin. Erreicht das Rad anschließend seinen Sollwert, so zieht es den Satelliten auch wieder in die Nominallage.

Ähnlich funktioniert die Lageregelung des „echten" Dual Spinners (Bild 9.12), bei dem der Satellit rotiert und damit die Funktion des Drallrades übernimmt und die Nutzlastplattform dreiachsenstabilisiert auf die Erde ausgerichtet wird. Auch hier besteht die Flat-Spin-Gefahr, sobald der Antriebsmotor zwischen Satellit und Nutzlast nicht mehr richtig funktioniert.

Bild 9.12. Dual Spinner

In derselben Weise wie bei (9.11) vorgeführt, läßt sich das Eulersche Gleichungssystem um eigentlich beliebig viele „Drallräder" erweitern, wobei zu jeder neuen Variablen im allgemeinen eine neue (Differential-)Gleichung hinzukommt, die die Funktion der neuen Variablen erläutert. Auf diese Weise lassen sich u.a. folgende interessante Konfigurationen simulieren

- Dual Spinner mit Treibstoffschwappen,
- schräg eingebautes Drallrad,
- Stabilisierung mit mehreren Drall- oder Reaktionsrädern oder mit kardanisch gelagertem Drallrad.

9.3 Äußere Störmomente

Bisher waren äußere Störmomente vernachlässigt worden, so daß der Drallerhaltungssatz in seiner einfachen Form (9.4) vorlag. Mit dem Einführen des Störmomentenvektors **M** erhält man die allgemeine Form des Drallerhaltungssatzes.

$$\dot{\mathbf{H}} = \mathbf{M}. \tag{9.12}$$

Diese Gleichung beschreibt nun die räumliche Drehbewegung und Längenänderung des Drallvektors im Inertialraum. In diesem Fall ist es bequemer, die Perspektive des raumfesten Beobachters beizubehalten.

Nach den Gesetzen der Vektorrechnung versucht der Vektor **M**, den Vektor **H** in seine Richtung zu zwingen. Sind beide gleichgerichtet, so wird **H** in die Länge gezogen, d.h. der Drall nimmt mit konstanter Zuwachsrate zu (oder ab, wenn beide entgegengerichtet sind). Steht **M** senkrecht auf **H**, so dreht sich **H** mit konstanter Drehgeschwindigkeit in die Richtung von **M**. Diese Drehbewegung unter dem Einfluß eines äußeren Störmoments wird als *Präzession* definiert. Die Präzessionsrate ist proportional zu dem anliegenden Störmoment und umgekehrt proportional zum Drall H des Drallrades.

Die allgemeine Bewegung eines drallstabilisierten Körpers besteht daher aus Präzession und Nutation, d.h. aus der Drehbewegung des Drallvektors gegenüber dem raumfesten Beobachter und der konischen Nutationsbewegung des Satelliten um seinen Drallvektor. Beide Komponenten müssen geregelt sein.

Die Regelung der Nutation wird im allgemeinen passiven Elementen überlassen, wie Pendeldämpfern, oder einfach dem Treibstoffschwappen. Die Regelung der Präzession ist unkritisch, da die Dynamik der Regelstrecke durch die gewonnene Drallsteifigkeit vereinfacht wurde. Während bei der Dreiachsenstabi-

9.3 Äußere Störmomente

lisierung ein konstantes äußeres Drehmoment zu einem linearen Anwachsen der Drehzahl und zu einem *quadratischen* Anwachsen des Lagewinkels führt, bewirkt ein Drehmoment senkrecht zum Drallvektor lediglich eine konstante Präzessionsrate und damit ein *lineares* Anwachsen des Lagewinkels. Dieser Regelkreis weist daher nur eine Integration auf und ist bei jeder Verstärkung und ohne Stabilisierungsfilter stabil. Dies ist der zweite wesentliche Vorteil der Drallstabilisierung.

Der Preis, der bei der Drallstabilisierung bezahlt werden muß, ist die Bereitstellung des erforderlichen Drallvektors, was in irgendeiner Form Masse und Leistungsbedarf bedeutet. Es ist daher wichtig, den Drallvektor richtig zu dimensionieren, d.h. an die erwarteten Störmomente anzupassen, um einerseits ausreichende Steifigkeit bereitzustellen, andererseits aber auch nicht Gewicht und elektrische Leistung zu verschwenden. Aus diesem Grund kommt der Analyse der zu erwartenden Störmomente, die im folgenden vorgenommen wird, eine entscheidende Bedeutung zu. In vielen Fällen läßt sich sogar das Störmoment zum Regelmoment umfunktionieren.

9.3.1 Sonnendruck

Nach (1.1) und (1.2) übt das Sonnenlicht auf erdnahe Satelliten einen Druck $p = (1+r) \cdot 4,6 \cdot 10^{-6}$ N/m² aus. r ist ein Reflexionsfaktor in der Größenordnung von 0,15. Man bemüht sich daher, den Satelliten gegenüber dem Sonnendruck symmetrisch zu gestalten (Fall (a) in Bild 9.13), d.h. den Sonnendruckpunkt mit dem Massenmittelpunkt zusammenzubringen.

In der Praxis lassen sich geringfügige Unsymmetrien nicht vermeiden. Die Hauptstörquellen sind

- ungenaue Kenntnis der Lage des Massenmittelpunkts durch begrenzte Auswuchtgenauigkeit. Die Größenordnung liegt im mm-Bereich.
- Verschiebungen des Massenmittelpunkts, hauptsächlich durch Treibstoffverschiebungen (bei Oberflächenspannungstanks) und Treibstoffverbrauch. Die Größenordnung kann bei einigen cm liegen.
- Verwindungen der Solargeneratoren, wodurch ein Propellereffekt entsteht (Fall (b) in Bild 9.13).
- Verbiegungen der Solargeneratoren zum Beispiel durch unterschiedliche thermische Ausdehnung der verwendeten Materialien (Fall (c) in Bild 9.13).

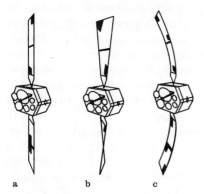

Bild 9.13a–c. Einfluß des Sonnendrucks auf dreiachsenstabilisierte Satelliten mit großen Solargeneratoren; **a** Sonnendruckpunkt fällt mit dem Massemittelpunkt zusammen, nominelle Anordnung, **b** Verwindung des Solargenerators, **c** Verbiegung des Solargenerators

Da der Sonnendruck (nicht zu verwechseln mit dem Sonnenwind) sehr konstant und berechenbar ist, läßt sich diese Störquelle leicht in eine Nutzquelle umwandeln und damit als Regelmoment ausnutzen. Möglich ist die Anbringung leichter, steuerbarer Klappen, die einen gewissen zusätzlichen Aufwand bedeuten. Am einfachsten ist in vielen Fällen die Ausnutzung des ohnehin vorhandenen Antriebs der Solargeneratoren: Verwindungen der Solargeneratoren (Fall b) bekämpft man durch einen konstanten Anstellwinkel zwischen Nord- und Südgenerator, Unsymmetrien durch thermische Verformung (Fall c) oder Schwerpunktverschiebungen kann man kompensieren durch zyklisches Vor- und Rückwärtsbewegen eines Generators. Dadurch erreicht man, daß einmal der Propellereffekt im Mittel zu Null wird, andererseits die der Sonnenstrahlung ausgesetzte Generatorfläche im Mittel reduziert wird.

Praktische Anwendung gefunden hat dieses Regelungskonzept bei OTS, der seit Oktober 1981 ausschließlich durch „Sonnensegeln" geregelt wird.

9.3.2 Restatmosphäre

Wie in Abschn. 3.5 bereits diskutiert, ist der Einfluß der Restatmosphäre besonders bei niedrig fliegenden Satelliten (200 bis 500 km Höhe) zu berücksichtigen. Die Bremskraft B_K ist

$$B_K = \frac{1}{2} C_w \varrho v^2 A . \tag{9.13}$$

Bild 3.2 zeigt die Abhängigkeit der Luftdichte ϱ von der Flughöhe. Für eine Höhe von 200 km erhält man zum Beispiel $\varrho = 3 \cdot 10^{-10}$ kg/m³. Mit einem Widerstandsbeiwert $C_w = 2{,}5$ und einer typischen Geschwindigkeit von 8 km/s erhält man: $p = 4{,}8 \cdot 10^{-2}$ N/m², also den tausendfachen Druck verglichen mit dem vorher besprochenen Sonnendruck. In 300 km Höhe ist der Druck noch immer hundertfach, und erst in über 500 km Höhe beginnt der Einfluß gegenüber dem Sonnendruck vernachlässigbar zu werden.

Das durch die atmosphärische Reibung entstehende Störmoment hängt wie im Falle des Sonnendrucks von Unsymmetrien der Satellitenkonfiguration ab, so daß man auch hier versucht, den Hebelarm zwischen atmosphärischem Druckpunkt und Massenmittelpunkt möglichst klein zu halten.

9.3.3 Schwerkraftgradienten

Bild 9.14 zeigt im Abstand r von der Erde einen Satelliten mit der Hauptmasse M und einer Teilmasse m im Abstand Δr vom Massenmittelpunkt. Die Hauptmasse M ist auf ihrer ballistischen Umlaufbahn im Gleichgewicht zwischen Zentrifugalbeschleunigung und Erdanziehung. Dagegen besitzt die Teilmasse m aufgrund des größeren Abstands zur Erde eine größere Zentrifugalbeschleunigung und eine geringere Erdanziehung, d.h. die Masse hat das Bestreben, nach außen auszuweichen. Dadurch entsteht eine Kraft mit dem Hebelarm $\Delta r \sin \alpha$ zum Drehpunkt, also ein Drehmoment, das im folgenden quantifiziert wird.

Der Zuwachs der Zentrifugalkraft einer Teilmasse m in Abhängigkeit von α ist

$$\Delta Z = m\omega^2 (r + \Delta r \cos \alpha) - m\omega^2 r ,$$

$$\Delta Z = m\omega^2 \Delta r \cos \alpha . \tag{9.14}$$

Die Abnahme der Anziehungskraft ist

$$\Delta A = m\mu \frac{1}{r^2} - m\mu \frac{1}{(r + \Delta r \cos \alpha)^2},$$

$$\Delta A = m\mu \frac{r^2 + 2r\Delta r \cos \alpha + (\Delta r \cos \alpha)^2 - r^2}{r^2 (r + \Delta r \cos \alpha)^2}.$$

Wenn man $(\Delta r \cos \alpha)^2 \cong 0$ und $(r + \Delta r \cos \alpha) \cong r$ setzt, erhält man

$$\Delta A = m\mu \frac{2\Delta r \cos \alpha}{r^3}. \tag{9.15}$$

Aus (2.8) erhält man den Zusammenhang zwischen ω und μ

$$\omega = \frac{2\pi}{T} = \sqrt{\frac{\mu}{r^3}}.$$

Damit wird (9.14) zu

$$\Delta Z = m\mu \frac{\Delta r \cos \alpha}{r^3}. \tag{9.16}$$

Die Gesamtkraft ΔK auf die Teilmasse m setzt sich zusammen aus einem Zentrifugalkraftanteil ΔZ und einem (doppelt so großen) Anziehungskraftanteil ΔA

$$\Delta K = \Delta A + \Delta Z,$$

$$\Delta K = m\mu \frac{3\Delta r \cos \alpha}{r^3}. \tag{9.17}$$

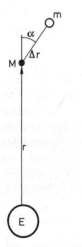
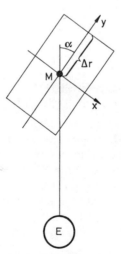

Bild 9.14. Anordnung Erde-Satellit bei Schwerkraftgradientenstabilisierung

Bild 9.15. Zweidimensionale Ausdehnung der Satellitenstruktur

Das erzeugte Drehmoment M schließlich ist das Produkt der Kraft ΔK mit dem Hebelarm $\Delta r \sin \alpha$

$$M = m\mu \frac{3\Delta r^2 \sin \alpha \cos \alpha}{r^3} . \qquad (9.18)$$

Bei gleichmäßiger Massenverteilung gilt der Grenzübergang

$$m\Delta r^2 \to \int_m r^2 dm = I_x . \qquad (9.19)$$

Bei gleichzeitiger Massenausdehnung in y-Richtung (Bild 9.15) ist die Differenz $(I_x - I_y)$ für das Störmoment entscheidend. Man erhält dann

$$M = 3(I_x - I_y) \frac{\mu}{r^3} \sin \alpha \cos \alpha ,$$

$$M_{max} = \frac{3}{2} (I_x - I_y) \frac{\mu}{r^3} . \qquad (9.20)$$

Bei geostationären Nachrichtensatelliten mit Solargeneratoren im kW-Bereich sind Werte von $(I_x - I_y) = 1\,000$ kg m² und darüber üblich. Normalerweise sind diese Generatoren in Nord-Süd-Richtung angeordnet und damit senkrecht zum Schwerkraftgradienten. Neuere Bauformen bevorzugen jedoch eine Ausdehnung in Ost-West-Richtung, so daß der Einfluß des Schwerkraftgradienten voll berücksichtigt werden muß. Nach (9.20) erhält man ein maximales Störmoment in der Größenordnung von $0{,}8 \cdot 10^{-5}$ Nm, d.h. in derselben Größenordnung wie das Störmoment durch Sonnendruck, also die Störgröße, die in dieser Höhe normalerweise dominiert.

Dieser Störeffekt wird in manchen Satellitenprojekten zur passiven Lageregelung ausgenutzt, wobei man im allgemeinen eine Stabilisierungsmasse an einem ca. 10 m langen Ausleger anbringt. In einem anderen Anwendungsbeispiel (Tethered Satellites) denkt man sogar daran, die Subsatelliten aus dem SPACE SHUTTLE an einer bis zu hundert Kilometer langen Leine wie einen Drachen steigen zu lassen, um damit aus der SHUTTLE-Umlaufbahn in niedrigere Bahnen eintauchen zu können.

9.3.4 Magnetfeld der Erde

Bild 9.16 zeigt den typischen Verlauf der magnetischen Kraftlinien des Erdmagnetfeldes, wobei die Feldlinien vom Nordpol zum Südpol verlaufen. An der

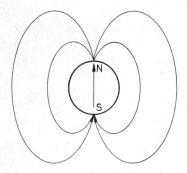

Bild 9.16. Erdmagnetfeld

Erdoberfläche beträgt die magnetische Induktion etwa $2{,}75 \cdot 10^{-5}$ Vs/m². In der geostationären Bahn, d.h. im Abstand von etwa 6 Erdradien, ist die Induktion nur noch etwa 10^{-7} Vs/m² und wegen der Nähe zur Schockfront des Sonnenwindes starken Schwankungen unterworfen, die von den Sonnenaktivitäten abhängen. Zeitweilig kann sogar in dieser Höhe eine Umpolung des Magnetfeldes beobachtet werden.

Um den Störeinfluß des Magnetfeldes weitgehend auszuschalten, wird bei der Leitungsführung auf den Solargeneratoren darauf geachtet, daß Schleifenbildung vermieden wird oder daß zumindest Schleifen mit unterschiedlichem Richtungssinn einander kompensieren. Die aktive Ausnutzung des Magnetfeldes zur Lageregelung ist trotz der Unberechenbarkeit des Magnetfeldes verhältnismäßig attraktiv, da Magnetspulen an Bord einfach zu realisieren und relativ leicht sind.

9.4 Stellglieder

Stellglieder sind Geräte, die dosierte Regelmomente auf den Satelliten ausüben können. Die gebräuchlichsten werden im folgenden besprochen.

9.4.1 Drall- und Reaktionsräder

Die Bauform ist in beiden Fällen praktisch dieselbe: Eine Schwungmasse wird von einem meist elektronisch kommutierten Gleichstrommotor angetrieben. Das Reaktionsmoment, das dabei auf die Satellitenstruktur übertragen wird, läßt sich, wie bereits besprochen, zur aktiven stufenlosen Lageregelung um die Rotationsachse verwenden.

Beim Reaktionsrad ist der Nominaldrall gleich Null. Hier kommt es vor allem auf ein hohes Reaktionsmoment bei niedriger Drehzahl an. Reaktionsräder sind daher leichter und kleiner als Drallräder, aber mit starken Motoren ausgerüstet, die in beiden Drehrichtungen operieren.

Drallräder werden auf möglichst hohen Nenndrall (10 bis 100 Nms) optimiert, was zu Leichtbaukonstruktionen und hoher Nominaldrehzahl (ca. 4000 U/min) führt. Um trotz der hohen Drehzahl bei Raddurchmessern von 30 bis 40 cm die Gas- und Lagereibeverluste erträglich (unter 10 W) zu halten, bestehen relativ hohe Anforderungen an den Antriebsmotor und die Lagereinheit, deren Schmierung über typische Einsatzzeiten von sieben bis zehn Jahren sichergestellt sein muß. Magnetische Lagereinheiten sind eine technisch erprobte Alternative, die sich wegen der höheren Kosten bisher noch nicht durchgesetzt hat.

9.4.2 Magnetspulen

Drall- und Reaktionsräder können, wie bereits besprochen, nur einen inneren Drallaustausch mit dem Satelliten ausführen, der zu einer bleibenden Drehzahländerung des Rades führt. Hält das Störmoment an, so muß von Zeit zu Zeit ein äußerer Drallaustausch vorgenommen werden, die sogenannte Drallentladung.

Neben der bereits besprochenen Technik des Sonnensegelns eignen sich hierzu vor allem Magnetspulen, wobei man zwischen Luft- und Eisenspulen unterscheidet. In beiden Fällen ist das Drehmoment M_D, das sich im Zusammenwirken mit dem Erdmagnetfeld erreichen läßt

$$M_D = M B_E. \tag{9.21}$$

B_E ist das magnetische Feld der Erde, M ist das magnetische Dipolmoment der Spule. Bei einer Eisenspule errechnet sich M zu

$$M = \frac{B_m V}{\mu_0}, \quad \mu_0 = 4\pi \cdot 10^{-7} \frac{N}{A^2}. \tag{9.22}$$

B_m ist die mittlere erreichbare Induktion, die bei Weicheisen in der Größenordnung von 1,5 Vs/m² liegt. V ist das Volumen des Eisenstabes, der typischerweise ein Längen- zu Durchmesserverhältnis von 50 bis 100 haben sollte. Die Erregerwicklung besteht meistens aus einigen Lagen Kupferdraht, wobei man einen Gewichtszuschlag von 50 % der Eisenmasse veranschlagen kann.

Ein Weicheisenstab von 1 m Länge und 2 cm Durchmesser hat ein Volumen von 314 cm³ und wiegt 2,5 kg (spezifisches Gewicht: 7,9 g/cm³). Der Gewichtszuschlag für die Erregerwicklung ist 1 kg (ca. 40 % des Eisenkerns), d.h. das Gesamtgewicht liegt bei 3,5 kg. Nach (9.22) errechnet sich das erreichbare magnetische Dipolmoment zu 375 Am², so daß nach (9.21) bei einer Erdfeldstärke $B_E = 10^{-7}$ Vs/m² ein Stellmoment von $M_D = 3{,}75 \cdot 10^{-5}$ Nm erzeugt werden kann. Der typische Wicklungswiderstand liegt bei 250 Ω, so daß bei einer Klemmenspannung von 50 V ein Leistungsverbrauch von etwa 10 W veranschlagt werden kann.

Bei einer rechteckigen Luftspule mit den Seiten a und b, die zum Beispiel um einen Solargenerator gewickelt sein kann, errechnet sich das Dipolmoment M zu

$$M = abwi. \tag{9.23}$$

Dabei ist w die Windungszahl und i der Spulenstrom. Die Masse der Spule ist

$$m_S = (2a + 2b) wq\sigma, \tag{9.24}$$

wobei q der Drahtquerschnitt und σ das spezifische Gewicht des Spulenmaterials ist. Der Spulenwiderstand R ist

$$R = \frac{(2a + 2b)w}{qK}, \tag{9.25}$$

wobei K der spezifische elektrische Leitwert ist. Die elektrische Leistung, die zur Erregung der Spule aufgewendet werden muß, ist

$$P = i^2 R \tag{9.26}$$

und entsprechend die Masse, um die der Solargenerator zur Erzeugung der Leistung vergrößert werden muß

$$m_P = fi^2 R, \tag{9.27}$$

wobei f das Leistungsgewicht des Solargenerators darstellt. Drückt man den Querschnitt q in (9.24) durch (9.25) aus, so erhält man

$$m_S = \frac{w^2 (2a + 2b)^2}{R} \frac{\sigma}{K}. \tag{9.28}$$

Drückt man den Strom i in (9.27) durch (9.23) aus, so ergibt sich

$$m_P = f \frac{M^2}{(abw)^2} R. \tag{9.29}$$

Tabelle 9.1. Materialkennwerte

	Cu	Al
σ (kg/m^3)	$8{,}9 \cdot 10^{-3}$	$2{,}7 \cdot 10^{-3}$
K (m/Ω mm^2)	57	33
σ/K (kg Ω/m^2)	$0{,}156 \cdot 10^{-3}$	$0{,}082 \cdot 10^{-3}$

Multipliziert man beide Seiten von (9.28) und (9.29) miteinander, so erhält man

$$m_P m_S = \frac{(2a+2b)^2}{(ab)^2} M^2 \frac{\sigma}{K} f. \tag{9.30}$$

Ein Gewichtsoptimum liegt vor, wenn $m_P = m_S$ ist. Damit erhält man die optimale Beziehung

$$m_S = \frac{2a+2b}{ab} M \sqrt{\frac{\sigma}{K} f}. \tag{9.31}$$

Typische Werte sind in Tabelle 9.1 angegeben.

Wegen des besseren Gewichts- und Leitfähigkeitsverhältnisses wird Aluminium der Vorzug gegeben.

Typische Werte für f liegen in der Größenordnung von 0,03 kg/W. Der Wurzelausdruck bekommt damit den konstanten Zahlenwert $1{,}57 \cdot 10^{-3}$ kg/Am. Die Güte der Spule hängt somit von der umschlossenen Fläche ab, d.h. vom Verhältnis des Umfangs zum Flächeninhalt, das umso günstiger ist, je größer die Fläche ist.

Bei einer quadratischen Fläche mit der Kantenlänge 1 m erhält man

$$m_s = 6{,}28 \cdot 10^{-3} M.$$

Wenn, wie im vorherigen Fall, $M = 375$ Am^2 gewählt wird, ergibt sich ein Spulengewicht von 2,36 kg und ein Leistungsbedarf

$$P = m_P \frac{1}{f} = m_s \frac{1}{f} = 79 \text{ W},$$

der gewichtsmäßig weiteren 2,36 kg entspricht. Damit ist diese Luftspule mit der vorher besprochenen Eisenspule vergleichbar. Verdoppelt man die Kantenlänge, so halbiert sich sowohl das Spulengewicht als auch der Leistungsbedarf, und die Luftspule wird wesentlich günstiger.

10 Antriebssysteme

Antriebssysteme von Satelliten basieren zwar auf den gleichen technologischen Grundlagen wie die von Trägersystemen, sie unterscheiden sich von letzteren in ihren Anforderungen jedoch in einigen Punkten grundlegend.

Satelliten-Antriebssysteme erfordern

- ein sehr geringes Schubniveau (0,01 bis ca. 100 N),
- einen Betrieb in Form kurzer Pulse (Lagekontrolle), wie auch langer Brennphasen (Bahnkontrolle),
- hohe Lebensdauer (10 Jahre),
- leckfreien Betrieb.

Prinzipiell werden im Bereich der Satellitenantriebe zwei Systeme unterschieden

- *Bahntransfersysteme* mit einem vergleichsweise hohen Schubniveau (einige 100 N bis hin zum kN-Bereich); ein typisches Beispiel hierfür ist der Apogäumsantrieb, der einen Satelliten von der elliptischen Übergangsbahn in seine kreisförmige (geostationäre) Zielbahn befördert.
- *Bahn- und Lageregelungssysteme*, die den Satelliten auf einer vorgegebenen Bahn in einer vorgegebenen Lage halten.

Einen ersten Überblick bezüglich der heute im Einsatz befindlichen Antriebssysteme, die benutzten Treibstoffe und erzielbaren Ausstoßgeschwindigkeiten (v_T) gibt Tabelle 10.1.

Von besonderer Bedeutung sind hierbei die nachfolgend aufgeführten Antriebssysteme, die in den folgenden Kapiteln näher beleuchtet werden; es sind dies

Tabelle 10.1. Satelliten-Antriebssysteme

Antriebssystem	Treibstoff	Ausstoßgeschwindigkeit (m/s)
Feststoffsystem	Organische Verbindungen + Ammoniumperchlorat (NH_4ClO_4)	2 800... 3 000
Kaltgassystem	N_2, NH_3, Freon	500... 1 000
Einstoffsystem	N_2O_2, N_2H_4	1 500... 2 250
Zweistoffsystem	N_2O_4 + MMH (N_2H_4) $O_2 + H_2$	3 000... 3 400 4 500
Elektrisches System (Ionen)	Hg, Ar, Xe, Cs	20 000...60 000

- Feststoffantriebe — ausschließlich für den Bahntransfer,
- Kaltgassysteme — zur Lagekontrolle,
- Heißgassysteme — Einstoffsysteme (speziell: Hydrazin) zur Bahn- und Lagekontrolle, Zweistoffsysteme, sowohl zum Bahntransfer als auch zur Bahn- und Lagekontrolle,
- Elektrische Antriebe — zur Bahn- und Lagekontrolle vorgesehen, zur Zeit noch im Entwicklungsstadium befindlich.

10.1 Abschätzende Berechnungsverfahren

10.1.1 Antriebsbedarf

Die Grundlage zur Auslegung von Antriebssystemen stellt die bereits in Kapitel 2 diskutierte Raketengrundgleichung (2.14) dar

10.1.2 Tankabmessungen

Es ist das erforderliche Volumen einer vorgegebenen Treibstoffmasse m_T zu bestimmen. Hierbei sind folgende Größen zu berücksichtigen:

- Treibstoff(-kombination),
- Massenmischungsverhältnis,
- Treibstoffdichte(n),
- Tankfüllungsgrad,
- Tankdruck
- Tanktemperatur.

In erster Näherung kann mit folgenden Treibstoffdichten gerechnet werden:

- Kaltgas (N_2) : abhängig von Druck, Temperatur,
- Hydrazin (N_2H_4) : 1,0 kg/l,
- Monomethylhydrazin (MMH) : 0,874 kg/l,
- Stickstofftetraoxid (MON, NTO, N_2O_4): 1,442 kg/l,
- Wasserstoff (LH_2) : 0,071 kg/l,
- Sauerstoff (LO_2) : 1,144 kg/l.

Bei Heißgas-Einstoffsystemen (Hydrazin), die im allgemeinen im BLOW-DOWN-Mode gefahren werden, kann das tatsächliche Tankvolumen aus der folgenden Beziehung ermittelt werden

$$V_T = \frac{p_0 V_0}{p_0 - \frac{T_0}{T_1} p_1}$$

mit V_T = tatsächliches Tankvolumen (l) p_0 = Anfangsdruck (Pa) T_0 = Anfangstemperatur (K)

V_0 = Volumen berechnet mittels Treibstoffdichte (l) p_1 = Enddruck (Pa) T_1 = Endtemperatur (K) — bei p_1 —.

10.1.3 Treibstoffdurchsatz

Der Treibstoffdurchsatz stellt eine Größe dar, die benötigt wird sowohl zur Bestimmung des Durchmessers von Treibstoffleitungen, wie auch zur Ermittlung der Brennzeit von Triebwerken bei bestimmten Manövern.
Es gilt hier

$$\dot{m}_T = \frac{F}{v_T}$$

mit $\dot{m}_T$: Treibstoffdurchsatz (kg/s),
F: Triebwerksschub (N).

10.1.4 Brennzeit

Jedes Triebwerk ist nur für eine bestimmte Gesamtbrennzeit (Lebensdauer) ausgelegt bzw. qualifiziert. Hieraus resultiert die Notwendigkeit, die für die jeweiligen Manöver erforderliche Brennzeit t_c, insbesondere bei Missionen mit hohem Δv-Bedarf, zu ermitteln.
Es gilt

$$t_c = \frac{m_T}{\dot{m}_T} \; .$$

Hierbei stellt die Treibstoffmasse m_T den Treibstoff dar, den das betreffende Triebwerk während eines Manövers insgesamt durchsetzt.

10.2 Feststoffantriebe

Feststoffantriebe zeichnen sich auf den ersten Blick durch einen einfachen Aufbau, hohe Zuverlässigkeit und ein hohes Leistungsgewicht (Schub/Masse) aus. Ein weiteres wesentliches Merkmal liegt in der Tatsache begründet, daß sie nur einmal gezündet werden können. d.h. daß sie nur einen, vor Missionsbeginn in seiner Größe genau festzulegenden, Antriebsimpuls ausführen können.

10.2.1 Einsatzbereiche

Feststoffantriebe werden heute in erster Linie zur Plazierung von geostationären Satelliten in ihrer Zielbahn eingesetzt, d.h., sie dienen als Apogäumsmotoren. Weiterhin finden sie oft Verwendung bei den Transferstufen des SPACE SHUTTLE Systems, z.B. beim PAM-D der STAR 48, beim PAM D II der STAR 62; beide Motoren werden von Thiokol hergestellt.

Da, wie bereits einleitend gesagt, ein Feststoffmotor nur einmal gezündet werden kann, ist sein Missionsspektrum relativ eng begrenzt. Unter anderem auch deshalb kommen bei der Wahl von Apogäumsmotoren in jüngster Vergangenheit zunehmend Flüssigtreibstoffmotoren zum Einsatz, die zudem noch Funktionen des Bahn- und Lageregelungssystems übernehmen können. Bei der Verwendung von Feststoffmotoren ist weiterhin zu bedenken, daß ein ausgebrannter Motor toten Ballast innerhalb des Satelliten darstellt. Ein ebenfalls nicht unwesentlicher Aspekt bei der Wahl eines Apogäumsmotors ist die Stabilisierungsart während des Manövers. Während des Betriebs eines Feststoffmotors *muß* der Flugkörper spinstabilisiert (bis zu 50 U/min) sein, da der Schubvektor infolge ungleichmäßigen Abbrandes leicht variiert. Diese Stabilisierungsart steht aber im Gegensatz zu der heute bei stationären Satelliten bevorzugten Dreiachsenstabilisierung.

Es läßt sich somit zusammenfassend sagen, daß die Häufigkeit des Einsatzes von Feststoffmotoren auf diesem Sektor — den stationären Satelliten — weiter abnehmen wird. Die Kriterien, die für die Wahl eines Feststoffmotors sprechen, lassen sich somit wie folgt zusammenfassen

- einmalige Transferaufgabe — mit einem Impuls möglich,
- hohes Δv für den Impuls bei gleichzeitig niedrigem Δv für die Bahn/Lagekontrolle während der Operationsphase,
- Spinstabilisierung des Satellitenkörpers.

10.2.2 Aufbau und Funktion

Ein Feststoffmotor (Bild 10.1) besteht aus folgenden Hauptbaugruppen

- einem Motorgehäuse, das gleichzeitig den Brennstoff enthält und die Brennkammer bildet,
- einer gekühlten Ausströmdüse sowie
- einem Zündsystem.

Moderne Feststoffmotoren verwenden Komposite-Brennstoffe, die sich aus einem Gemisch aus Oxidator, Metallpulver und einem Binder zusammensetzen. Der Treibstoffblock wird zumeist erst in der Brennkammer polymerisiert. Ein Brennstoffgemisch, das relativ häufig zum Einsatz kommt, besteht aus folgenden Substanzen (z.B. MAGE-Motoren)

72 % Ammoniumperchlorat (NH_4ClO_4),
16 % Aluminiumpulver,
12 % CTPB-Binder.

Das Motorgehäuse ist wegen des hohen Brennkammerdrucks relativ dickwandig. Es besteht zumeist aus Stahl; in jüngerer Zeit kommen auch Titan und Faserverbundwerkstoffe zum Einsatz. Zwischen Gehäuse und Brennstoffblock ist zusätzlich ein Liner eingezogen, eine mit Asbest versetzte Äthylen/Propylen-Gummi-Mischung, die primär der thermischen Isolierung der Gehäusewandung dient.

Der Brennvorgang des Treibstoffs wird mittels eines speziellen Mehrstufenzünders eingeleitet. Durch einen elektrischen Impuls werden pyrotechnische Kartuschen gezündet, die ihrerseits einen kleinen Treibsatz auslösen, der in einem speziellen Gehäuse innerhalb des eigentlichen Motorblocks untergebracht ist. Der heiße Abgasstrahl dieses Treibsatzes löst nunmehr die Entzündung des Treibstoffs

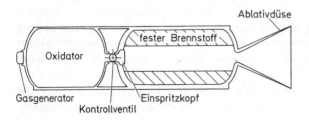

Bild 10.1. Schematischer Aufbau eines Feststoffmotors

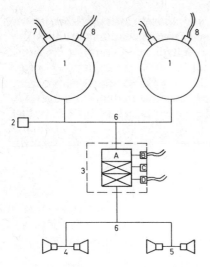

Bild 10.2. Prinzipieller Aufbau von Kaltgassystemen, 1 Tank, 2 Füllventil, 3 Druckmindereinheit, A Druckminderer, B Druckgeber für hohen Druck, C Druckgeber für niedrigen Druck, D Auslaßventil, 4 Spin-Triebwerke, 5 Präzessions-Triebwerke, 6 Rohrleitungen, 7 Tanktemperatursensoren (Flug), 8 Tanktemperatursensoren (Boden)

aus. Hierbei ist eine zusätzliche Sicherung vorgesehen, die einen Motorstart bei unbeabsichtigter Kartuschenzündung verhindert — ein unerläßliches Element bei bemannten Trägersystemen. Die Sicherungsvorrichtung (Safe-Arm-Device) ist über Explosionsleitungen mit der Zündkartusche verbunden).

Da sich mit fortschreitender Betriebszeit die Abbrandoberfläche vergrößert, steigt der Brennkammerdruck stetig an. Die Treibstoffblockgeometrie wird daher so gewählt, daß die Abbrandoberfläche nahezu konstant bleibt. Gleichzeitig besteht so die Möglichkeit, über die Treibstoffblockgeometrie ein definiertes Schubprofil vorzugeben, z.B. Schubabnahme proportional zur Massenabnahme, konstante Beschleunigung.

10.2.3 Kenndaten zur Systemauslegung

Feststoffantriebssysteme können heute nach Katalog bestellt werden, z.B. aus der MAGE-Familie oder der STAR-Serie von Thiokol. Die erforderliche Treibstoffmasse ist hierbei mittels der eingangs genannten Relationen, wie Raketengrundgleichung, Antriebsbedarf und Satellitenmasse, zu ermitteln, siehe Abschn. 10.1

Da nach dem Zünden der gesamte Treibstoffvorrat verbrennt, muß der Motor vor dem Start mit der exakt ermittelten Treibstoffmenge gefüllt werden. Der Motortyp wird daher stets so gewählt, daß seine maximale Treibstoffkapazität oberhalb des rechnerisch ermittelten Wertes liegt.

10.3 Kaltgassysteme

Kaltgassysteme stellen die bisher am häufigsten für Aufgaben der Bahn- und Lageregelung eingesetzten Antriebssysteme dar. Ihre Arbeitsweise basiert darauf, daß ein Gas ohne Aufheizung oder chemische Umwandlung, sondern nur durch Ausstoß unter Druck einen Schub erzeugt. Ein relativ einfacher Aufbau, eine hohe Zuverlässigkeit und die Möglichkeit der Erzeugung sehr kleiner Impulse zeichnen derartige Antriebssysteme aus. Da das Schubniveau und der spezifische Impuls

10.3 Kaltgassysteme

von Kaltgassystemen allerdings sehr gering sind, schränkt dies gleichzeitig das Anwendungsspektrum stark ein. Einsatzbereiche sind derzeit in erster Linie bei der Feinausrichtung speziell wissenschaftlicher Satelliten zu sehen.

10.3.1 Aufbau und Funktion

Der prinzipielle Aufbau eines Kaltgas-Antriebssystems ist in Bild 10.2 dargestellt. Der Treibstoff wird in seinen Tanks unter sehr hohem Druck (1 bis $4,2 \cdot 10^7$ Pa) gelagert. Über einem mehrstufigen Druckregulator gelangt das Gas, jetzt unter einem Druck von 1,5 bis $2 \cdot 10^5$ Pa, zu den Triebwerken. Magnetventile steuern die Dauer des Zuflusses zur Düse.

10.3.2 Treibstoffe und Leistungen

Der theoretische spezifische Impuls ist umgekehrt proportional zur Quadratwurzel des Treibstoff-Molekulargewichts (MW) anzusetzen. Dies führt dazu, daß Wasserstoff (MW=2) den höchsten erreichbaren theoretischen spezifischen Impuls $I_{sp}=2960$ m/s bei 298 K (25 °C) liefert. Schwerere, natürliche Gase wie Helium (MW=4), Neon (MW=20), Stickstoff (MW=28), Argon (MW=40), Krypton (MW=84) und Xenon (MW=131) erzielen deutlich niedrigere spezifische Impulse (Bild 10.3).

Neben diesen natürlichen Gasen werden auch zahlreiche Verbindungen, einschließlich Methan, Kohlendioxid und Freon 14 (CF_4) für Kaltgasanwendungen genutzt.

Während der theoretische spezifische Impuls nur durch die Treibstofftemperatur und die thermodynamischen Verhältnisse bestimmt wird, wird der abgegebene spezifische Impuls wesentlich durch die Form der Schubdüse und die Reynoldszahl beeinflußt. Im allgemeinen sind die Reynold-Zahlen in den Düsen typischer Kaltgassysteme sehr hoch (ein Wert von mehreren Tausend), wodurch ein turbulenter Fluß sichergestellt ist. Verluste durch unvollständige Expansion könnten durch eine angepaßte Formgebung der Düse vermieden werden, während jedoch aus Fertigungs- und Kostengründen zumeist trotzdem eine einfache Kegelform gewählt wird.

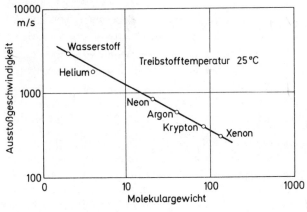

Bild 10.3. Ausstoßgeschwindigkeit der Treibstoffe als Funktion des Molekulargewichts

Allgemein werden ca. 90 % des theoretischen spezifischen Impulses auch tatsächlich erzielt. Bei Verwendung von Methan oder Freon kann eine Kondensation des Treibstoffes während der Expansion in der Schubdüse die Leistung jedoch deutlich herabsetzen.

Während es theoretisch keine untere Grenze für den Schub gibt, existieren derartige Grenzen in der Realität durchaus. Gegenwärtig wird der minimale Schub bestimmt durch den Düsendurchmesser und den Druck vor der Düse; Düsenhalsdurchmesser von weniger als 0,25 mm sind schwierig herzustellen und Drücke von weniger als $1 \cdot 10^4$ Pa (gegenüber dem Vakuum) nur schwer zu steuern. Aus diesen Extremwerten resultiert ein minimaler Schub von etwa $4,5 \cdot 10^{-4}$ N.

In den meisten Fällen werden Lagekontrolldüsen im gepulsten Betrieb eingesetzt. Bei sehr kurzen Pulsen kann die Zeit für Druckaufbau und -abfall in der Düsenvorkammer erheblich sein im Vergleich zur gesamten Pulslänge. Ist dies der Fall, sinkt die Leistung deutlich: Werte von 5 bis 10 % im Vergleich zum Dauerbetrieb sind für Pulse unter 20 ms gemessen worden. Für längere Pulse sind die Verluste vernachlässigbar.

10.3.3 Kenndaten zur Systemauslegung

Im allgemeinen wird die Wahl eines bestimmten Treibstoffs vom Gesamtgewicht des Antriebssystems abhängig sein, wobei den Haupteinflußfaktor die Masse des/der Tanks darstellt. Die eigentliche Komponentenmasse hingegen übt kaum einen Einfluß aus. Ebenfalls von großer Wichtigkeit ist der spezifische Impuls des Treibstoffs, durch den schließlich die Gesamtmenge des benötigten Treibstoffs bestimmt wird.

Werden Komprimierungseffekte vernachlässigt, so ist die Gesamtmasse der Tanks im wesentlichen abhängig vom Tankdruck. Niedrige Drücke führen zu großen, dünnwandigen Tanks, während eine Treibstofflagerung unter hohem Druck kleinere, aber dafür dickwandige Tanks erfordert. Das Tankvolumen kann ohne Massenerhöhung verkleinert werden, indem der innere Druck gesteigert wird. Erkauft wird diese Volumenreduktion aber durch höhere Leckverluste. Der Tankdruck stellt daher im allgemeinen einen Kompromiß zwischen benötigtem Volumen und Zuverlässigkeit dar. Als Material für Kaltgastanks hat sich speziell Titan durchgesetzt.

Obwohl Gase mit niedrigem Molekulargewicht eine hohe Ausstoßgeschwindigkeit erbringen, führt ihr Einsatz nicht gleichzeitig auch zu einer geringen Systemmasse. Die Ursache hierfür liegt bei den geringen Dichten derartiger Gase, die zu einem großen Tankvolumen führen. Schwere Gase hingegen, wie Krypton und Xenon, benötigen zwar kleinere, leichte Tanks, liefern aber auch eine niedrigere Ausstoßgeschwindigkeit. Um einen „wahren Leistungsvergleich" führen zu können, bietet sich die Einführung einer „effektiven Ausstoßgeschwindigkeit" an, der nicht nur die Treibstoffmasse, sondern auch die jeweilige Tankmasse (Form: Kugel) berücksichtigt. Diese v_{T-eff} läßt sich somit wie folgt ausdrücken

$$v_{T-eff} = \frac{m_T}{m_T + m_{Tk}} v_T$$

mit m_T : Treibstoffmasse,
m_{Tk}: Tankmasse,
v_T : Ausströmgeschwindigkeit.

Die erforderliche Gesamtmasse für Treibstoff und Tank läßt sich nun ermitteln, indem der benötigte Gesamtimpuls in Relation gesetzt wird zu dem effektiven Impuls.

Zur Bestimmung des Tankdrucks reicht die allgemeine Gasgleichung

$$pV = RT$$

mit p : Druck,
V : Volumen
R : allgemeine Gaskonstante (8.314 J/MkgK),
T : Temperatur (K)

nicht mehr aus, da gerade die Komprimierbereiche der Gase oftmals von Wichtigkeit sind. In Bild 10.4 ist der Kompressionsfaktor als Funktion des Drucks für verschiedene Gase dargestellt.

Man sieht, daß für einige Treibstoffe (z.B. Freon, Krypton, Xenon) ein optimaler Tankdruck existiert. Leider liegt dieses Optimum jedoch bei Drücken unter 2 800 psia (= $1,93 \cdot 10^7$ Pa), was zu extrem großen Tanks führen würde.

10.4 Heißgassysteme

10.4.1 Einstoffsysteme

Einstoffsysteme — hier wird ausschließlich der Hydrazinantrieb betrachtet — erzielen ihre Leistung (v_T: 2 200 bis 2 300 m/s) aus der katalytischen oder thermischen Umsetzung von anhydrischem Hydrazin.

Aufbau und Funktion

Der flüssige Treibstoff Hydrazin (N_2H_4), gelagert bei Tanktemperaturen von 0 bis 40 °C, stellt eine endotherme Verbindung dar, deren Zersetzung und Überleitung in den gasförmigen Zustand durch die Zufuhr von Wärme erfolgt. Die Zerfallsprodukte (Stickstoff, Ammoniak und Wasserstoff) werden in einer

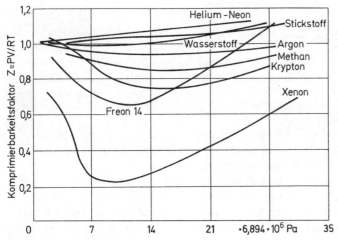

Bild 10.4. Komprimierbarkeit von Kaltgasen

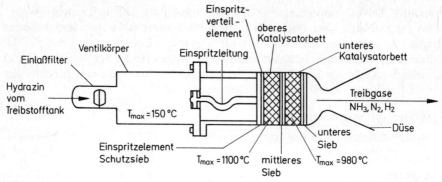

Bild 10.5. Hydrazin-Triebwerk (schematischer Aufbau)

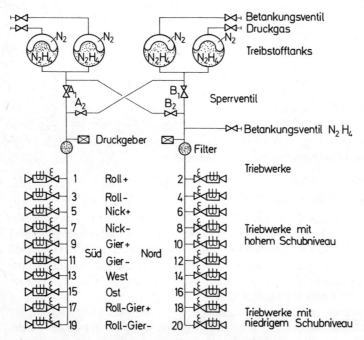

Bild 10.6. Aufbau eines Hydrazin-Antriebssystems

Schubdüse entspannt und wandeln so die thermische und kinetische Energie ihres Abgasstrahls (T∼980 °C) um.

Als Katalysator wird ausschließlich Iridium verwendet, das in ein Aluminiumoxid-Substrat (SHELL 405, CNESRO) eingelagert ist. In Bild 10.5 ist der schematische Aufbau eines Hydrazintriebwerks dargestellt.

Der prinzipielle Aufbau eines Hydrazin-Antriebssystems zur Bahn- und Lagekontrolle von Satelliten kann anhand von Bild 10.6 erläutert werden.

Das in den Tanks unter Druck eines Inertgases (Stickstoff oder Helium) befindliche Hydrazin wird den Triebwerkseinheiten über elektrisch betätigte

„Latching Valves" und in die Triebwerke integrierte „Flow Control Valves" (FCV) zugeführt. Die Triebwerke selbst sind zumeist in zwei redundanten Strängen zusammengefaßt, einem Primär- und einem Ersatzstrang. Ebenfalls aus Gründen der Redundanz sind die Treibstoffleitungen beider Stränge über Kreuz miteinander verbunden, damit die Treibstoffzufuhr im Falle des Ausfalls der Primär-Latching-Valves (A_1, B_1) sichergestellt ist.

Kenndaten zur Systemauslegung

Blow-Down-Betrieb von Hydrazin-Systemen

- Anfangsdruck : $2,2 \cdot 10^6$ Pa
- Enddruck : $5 \cdot 10^5$ Pa
- Treibstoffdichte : ~1 kg/l
- Ausstoßgeschwindigkeit
  - Dauerbetrieb : 2 300 m/s (Anfangsdruck)/ 2 200 m/s (Enddruck)
  - Puls-Mode : 2 250 m/s (Anfangsdruck)/ 2 080 m/s (Enddruck)
- Schub
  (vorhandene Triebwerke, z.B.): 0,5; 2; 5; 10; 20 N

Künftige Entwicklung

Im Bereich der Einstoff-Hydrazin-Technik befinden sich zur Zeit zwei neue Technologien in der Entwicklung, die eine Erhöhung der Leistung und eine Verbreiterung des Einsatzspektrums zum Ziel haben

- „Power-Augmented Hydrazine Thruster" (PAHT),
- „Hydrazin-Gas-Generator" (HGG).

a) *PAHT*. Innerhalb des PAHT wird elektrische Energie dazu eingesetzt, die heißen Gase des Hydrazintriebwerks hinter dem Katalysator in einem Wärmetauscher widerstandsbegrenzt weiter aufzuheizen. Erst im Abschluß daran erfolgt die Entspannug in der Schubdüse. Während die Austrittstemperatur beim konventionellen Hydrazintriebwerk bei ca. 980 °C liegt, steigt sie beim PAHT auf 1 800 bis 2 000 °C an.

PAHT-Triebwerke erzielen eine Ausstoßgeschwindigkeit von ca. 3 050 bis 3 200 m/s — die gleiche Größenordnung wie Zweistoffsysteme (siehe Abschn. 10.4.2) — während die konventionelle Technologie nur eine v_T von 2 200 bis 2 300 m/s ermöglicht.

Bereits eingesetzt werden leistungsverstärkte Hydrazin-Triebwerke bei einigen amerikanischen Nachrichtensatelliten, so sind bereits Satelliten der SATCOM-, SPACENET-, G-STAR-Programme mit PAHTs von der Rocket Research Group ausgerüstet.

b) *HGG*. Das Hydrazin-Gas-Generator-Konzept befindet sich noch im Laborstadium. Sein Ziel ist die Anwendung von Hydrazinsystemen in Bereichen, die heute noch dem Kaltgassystem vorbehalten sind, wobei die Masse dieses Antriebssystems deutlich gesenkt werden soll.

Die spezifische Tankmasse, die bei konventionellen Kaltgassystemen bei ca. 1,1 kg pro kg Treibstoff liegt, soll mittels Einsatz des HGG, bedingt durch wesentlich niedrigere Drücke, auf 0,1 kg pro kg Treibstoff gesenkt werden. Hierzu wird im HGG flüssiges Hydrazin auf normale Art katalytisch zersetzt und das heiße Gas in einem speziellen Vorratstank zwischengelagert, bevor es dem Schubsystem zugeführt wird.

Problematisch ist derzeit noch die Thermalkontrolle des Heißgastanks; von ca. 1 000 °C muß das Gas auf ca. 100 °C abgekühlt und die Restwärme in den Raum abgegeben werden.

10.4.2 Zweistoffsysteme

Zweistoff-Antriebssysteme unterscheiden sich von Kaltgas- oder Hydrazin-Antriebssystemen durch eine höhere Leistungsfähigkeit, die insbesondere in einem wesentlich höheren spezifischen Impuls als bei vergleichbaren Systemen zum Ausdruck kommt.

Bei Zweistoffsystemen kommt heute fast ausschließlich die „hypergole" (selbstzündende) Treibstoffkombination Monomethylhydrazin (MMH; Brennstoff) und Stickstofftetraoxid N_2O_4 (MON, NTO; Oxidator) zum Einsatz. Diese Kombination liefert eine Ausstoßgeschwindigkeit von 2 800 bis 3 400 m/s, je nach Schubniveau und Brennkammerdruck.

Obwohl sich Zweistoffsysteme in der Realisierung wesentlich aufwendiger und komplexer darstellen als Hydrazinsysteme, bieten diese Systeme ein Massenreduktionspotential bei der Auslegung von Antriebssystemen, das bei zunehmender Satellitenmasse und/oder steigendem Antriebsbedarf immer interessanter wird. Weiterhin bietet sich — infolge des breiteren Schubspektrums — die Möglichkeit, das Bahn-/Lage-Antriebssystem mit dem Apogäumsantrieb zu einem System zusammenzufassen; Beispiel: UPS (Unified Propulsion System).

Aufbau und Funktion

Beide Treibstoffkomponenten werden in separaten Tanks gelagert. Da beim Zusammentreffen beider Elemente eine spontane Zündung erfolgt, sind spezielle Sicherheitsvorrichtungen erforderlich, um ein unbeabsichtigtes Zusammentreffen zu verhindern (Leckverluste!). Insbesondere in der Startphase könnten zufällige Verpuffungen zu unbeabsichtigten Folgen führen.

Aus diesem Grund sind Zweistoffsysteme mit pyrotechnischen Ventilen (PV) ausgestattet, die nur ein einziges Mal ihre Stellung ändern können. Derartige Ventile trennen sowohl die Druckgas- von den Treibstofftanks, als auch letztere von den Triebwerkssträngen.

Bild 10.7 zeigt das Flußschema eines Zweistoffsystems. Zwischen den Druckgas- und Treibstofftanks sind zwei PVs zu sehen — eines geöffnet, das andere geschlossen. Nach der Trennung des Satelliten von der Rakete wird das während der Startphase geschlossene PV geöffnet, es erfolgt die Druckbeaufschlagung der Treibstofftanks. Nach dem Plazieren des Satelliten auf seiner Zielbahn mit dem 400 N-Triebwerk wird das während der Startphase geöffnete Ventil geschlossen, die Druckgastanks sind nun isoliert, und die Lagekontrolltriebwerke werden im Blow-Down-Mode betrieben. Ebenfalls erst nach dem Start werden die PVs geöffnet, die zuvor die Treibstofftanks von den Triebwerken trennten.

Da MON/MMH bei Temperaturen von mehr als 2 500 °C verbrennen, ist es erforderlich, die Brennkammer und den Düsenhals der Triebwerke aktiv zu

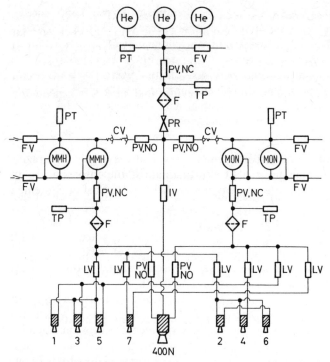

Bild 10.7. Zweistoffsystem-Flußschema, TP Testanschluß, LV Sperrventil, PT Druckgeber, PR Druckminderer, FV Betankungsventil, PV Pyrotechnikventil, NC Normalstellung geschlossen, NO Normalstellung offen, CV Rückflußsperre

kühlen. Hierzu wird ein Teil des Brennstoffs MMH abgezweigt und durch die Brennkammerwandung geführt bevor es, durch Wärmeleitung aufgeheizt, in die Brennkammer eingespritzt wird. Durch eine Filmkühlung wird die innere Brennkammer zusätzlich gekühlt.

Kenndaten zur Systemauslegung

- Brennstoff   : Monomethylhydrazin (MMH)
- Oxidator   : Stickstofftetraoxid (MON)
- Dichten   — MMH : 0,874 kg/l
                 — MON : 1,442 kg/l   bei Raumtemperatur
- Mischungsverhältnis   : 1,64 (MON/MMH)
- Mischdichte   : 1,23 kg/l
- Ausstoßgeschwindigkeit : ca. 3 100 m/s (400 N)
                            2 880 m/s (10 N — Steady State)
- Schub (vorhandene Triebwerke, z.B.): 10, 400 N

Künftige Entwicklung

Die weitere Entwicklung auf dem Gebiet der Zweistoffsysteme wird zum einen zu stärkeren, leistungsfähigeren Triebwerken führen, zum anderen befinden sich sogenannte Hybridantriebe in der Planungsphase.

- *Schubverstärkte Triebwerke.* Oberhalb des Schubniveaus von 400 N sind in Europa bisher keine Triebwerke zur Flugreife entwickelt worden. Da dieses Triebwerk aber, insbesondere für die zu erwartenden schweren Nutzlasten der ARIANE 4-Klasse, sehr lange Brennzeiten für den Einschuß von Satelliten in die geostationäre Zielbahn benötigt, befindet sich zur Zeit ein 3-kN-Triebwerk in der Entwicklung. Sein Einsatz ist zunächst innerhalb eines speziellen „Orbital Propulsion Module" (OPM), einer ARIANE 4-kompatiblen Oberstufe mit breitem Anwendungsspektrum, geplant.
  Zwei Varianten dieses Triebwerks sind vorgesehen

  – eine Version mit Druckgasförderung,
  – eine Weiterentwicklung mit elektrisch betätigter Pumpenförderung.

  Letzteres Konzept liefert zwar eine höhere Leistung, es benötigt aber für den Antrieb der Pumpen 1 200 W elektrischer Leistung, die durch Solarzellen oder Batterien der Nutzlast bereitzustellen wären.
  Es ist für die fernere Zukunft vorgesehen, durch eine Steigerung des Brennkammerdrucks auf ca. $3{,}6 \cdot 10^6$ Pa den Schub auf 12 kN anzuheben. Hierfür sind dann jedoch Modifikationen des Einspritz- und Kühlsystems erforderlich.
- *Hybridantriebe (Dual Mode).* Eine weitere Entwicklung auf dem Sektor der Zweistoffsysteme, die sich zur Zeit im Planungsstadium befindet, soll den Anwendungsbereich dieser Technologie erheblich ausweiten: die Integration eines Zweistoff-Apogäumsmotors mit einem Hydrazin-Lagekontrollsystem. Diese Kombination verwendet reines Hydrazin statt des MMH.
  Durch diese Kombination bestünde die Möglichkeit, die Vorteile des Hydrazinsystems – wie hohe Zuverlässigkeit, kleine Impulsbits, hohe Zahl von Betriebszyklen – mit denen des Zweistoffsystems (hoher spezifischer Impuls, hohes Schubniveau) zu verbinden.

10.5 Elektrische Antriebssysteme

Die bisher genannten Antriebsvarianten erzeugen ihren Schub durch die Expansion eines mittels einer chemischen Reaktion erzeugten, hochgespannten Gases in einer Düse (chemische Triebwerke).

In einem elektrischen Triebwerk hingegen werden Stützmittel (Treibstoffe) elektrisch aufgeheizt und entspannt oder elektrisch geladene Partikel erzeugt und beschleunigt, so daß diese als Impulsmasse fungieren. Wegen des äußerst geringen Massendurchsatzes und Schubniveaus können elektrische Triebwerke ausschließlich im freien Raum eingesetzt werden, erreichen aber aufgrund ihrer sehr hohen Ausstoßgeschwindigkeit (10 000 bis 60 000 m/s) einen sehr guten Systemwirkungsgrad. Da sie gleichzeitig sehr lange arbeiten können, eignen sie sich besonders für Missionen mit extremen Geschwindigkeitsanforderungen als Marschtriebwerke.

Als Sekundärtriebwerke dürften elektrische Triebwerke zur Bahn- und Lageregelung von Satelliten der nächsten Generation eingesetzt werden. Bereits seit 1983 zeichnet sich ein Durchbruch der elektrischen Primärantriebe für interplanetare Missionen ab. Allerdings sind die elektrisch realisierbaren Schub-

10.5 Elektrische Antriebssysteme

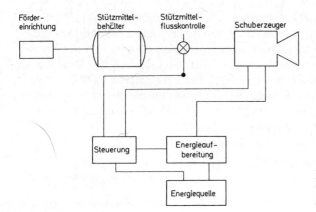

Bild 10.8. Elektrisches Antriebssystem (schematischer Aufbau)

kräfte sehr klein: Die Beschleunigungen liegen unter 10^{-3} m/s^2, die Brennzeiten betragen viele Monate.

Im Gegensatz zu chemischen Antriebssystemen erfordern elektrische zusätzlich zur Stützmasse noch Energiequellen hoher Leistung (solar, nuklear usw.), die jedoch bei den geforderten Leistungen sehr schwer sind und — insbesondere bei Solarzellenflächen — erhebliche Ausmaße annehmen können.

Eine schematische Darstellung des Aufbaus eines elektrischen Antriebssystems zeigt Bild 10.8. Wegen der relativ niedrigen Drücke im Schuberzeuger wird bei nicht-festen Stützmitteln eine Druckgasförderung angewandt. In diesem Fall gelangt das vom Generator zur Verfügung gestellte Druckgas über ein Reduzierventil in den Stützmittelbehälter und fördert dadurch das Antriebsmedium in den Schuberzeuger. Hier wird das Stützmittel mit Hilfe einer extremen Energiequelle stark beschleunigt, wodurch der gewünschte Schub entsteht.

Die erforderliche elektrische Energie muß in der Regel noch schuberzeugerspezifisch (bezüglich der Frequenz, des Stromes und der Spannung) aufbereitet werden, bevor sie dem Triebwerk zugeführt werden kann. Die Überwachung und Steuerung des gesamten Antriebssystems erfolgt in einer Kontrolleinheit (Power Control Unit — PCU), die jedoch nicht zum eigentlichen Antriebssystem gerechnet wird.

Elektrische Antriebssysteme lassen sich prinzipiell in drei verschiedene Funktionsweisen bzw. Beschleunigungsmechanismen gliedern

- *Elektrothermische Schuberzeuger*, in denen ein gasförmiger Treibstoff elektrisch erhitzt und in einer Düse entspannt wird. Beispiele hierfür sind der RESISTOJET und der „Power Augmented Hydrazine Thruster" (PAHT) — siehe Abschn. 10.4.1.
- *Elektrostatische Schuberzeuger*, in denen das Stützmittel durch elektrische Energie ionisiert und die so erzeugten Ionen durch ein elektrisches Feld auf hohe Geschwindigkeiten beschleunigt werden, auch Ionentriebwerke genannt.
- *Elektromagnetische Schuberzeuger*, in denen aus dem Stützmittel ein neutrales Plasma(gas) erzeugt wird, das wiederum durch ein elektrisches Feld beschleunigt wird (Plasmatriebwerk).

Die beiden letzteren Varianten besitzen typische Vor- und Nachteile, so daß die Auswahl letztendlich von den Einsatzerfordernissen abhängt.

Tabelle 10.2. Leistungsdaten elektrischer Triebwerke

Triebwerkstyp	Bezeichnung	Land	Treibstoff	Strahlgeschwindigkeit (km/s)	Leistungsverbrauch (W)	Schub (mN)
Elektronenstoß	5 cm EM	Japan	Hg	20,3	62	1,8
	SIT 8	USA/NASA	Hg	26,5	131	5
	J-Serie	USA/NASA	Hg (Ar)	30,4	2650	129
Hochfrequenz	RIT 10	BRD	Hg (Xe)	31	293	10
	RIT 35	BRD/ESA	Hg	37	3880	150
FEEP	FEEP 5 cm	Frankreich/ESA	Cs	107	96	1,6
MPD (quasi)(stationär)	MPD	Italien/ESA	Teflon	ca. 25	max. 600	Soll 10
(gepulst)	MPD-KX	Japan	Ar	66	1000	18
(stationär)	Kosmos	UdSSR	K (Cs)	20	4000	120
PPT	MDT-2A	China	Teflon	9,7	4	0,08
	PPT	UdSSR	Teflon + $BaCl_2$	10	220	4,5
	Nova	USAF	Teflon	21,6	170	4,5
Hall	Meteor	UdSSR	Xe (Cs)	12	450	24

- Mit Ionentriebwerken lassen sich beliebig hohe Strahlgeschwindigkeiten relativ einfach realisieren. Hohe Wirkungsgrade und lange Lebensdauer sind weitere wichtige Vorzüge. Andererseits ist die Treibstoffauswahl auf schwere Elemente beschränkt, und besondere Elektronenquellen werden zur Strahlneutralisierung benötigt.
- Plasmatriebwerke zeichnen sich insbesondere durch hohe Strahl- und Schubdichten, durch einen kompakten und einfachen Aufbau aus. Nachteilig wirken sich Erosionsprozesse und niedrige Wirkungsgrade aus. Sie ziehen u.a. Lebensdauer- und Kühlprobleme nach sich.

Im Dauerschubbetrieb bis 1 N sind Ionentriebwerke vorzuziehen, während für den Impulsbetrieb und bei sehr hohem Leistungsbedarf die Plasmatriebwerke vorteilhafter erscheinen.

Tabelle 10.2 zeigt zusammenfassend die Leistungsdaten realisierter, elektrischer Triebwerke dieser beiden Varianten. Bis heute (1988) sind elektrische Triebwerke im wesentlichen nicht über das Test- und Demonstrationsstadium hinausgekommen, lediglich in der Sowjetunion wurden derartige Triebwerke bereits auf einigen Wettersatelliten im operationellen Einsatz zur Bahn- und Lageregelung verwendet.

Gegenwärtig wird intensiv der Einsatz elektrischer Triebwerke für die Nord-Süd-Lagekontrolle geostationärer Nachrichtensatelliten untersucht. In der Diskussion befinden sich hier insbesondere Radiofrequenz-Ionentriebwerke (RIT) vom Typ „RIT-10". In der konkreten Vorbereitung befindet sich zur Zeit ebenfalls ein aus sechs „RIT-35" bestehendes Antriebsmodul für geplante Asteroidensonden (Starttermin: ca. 1994). Erstmals sollen hier elektrische Triebwerke als

Marschtriebwerke Verwendung finden, da das Missionsprofil mit einem Δv von mehr als 15 000 m/s mit chemischen Antrieben nicht zu realisieren wäre.

Die Hochfrequenzionentriebwerke arbeiten mit Quecksilber oder schweren Edelgasen als Stützmittel. Die RIT-Motore arbeiten mit einer hochfrequenten, elektrodenlosen Ringentladung, die das selbständige Hochfrequenzplasma unterhält. Hierzu befindet sich das Quarzgefäß des Ionisators in der Induktionsspule eines 1 MHz-Generators. Die Ionenextraktion, Beschleunigung und Strahlbildung erfolgt durch ein robustes, ionenoptisches Dreigitter-System aus einer Plasmagrenzelektrode (+1,5 kV), einer Graphit-Elektrode (−1,5 kV) und der auf Massepotential liegenden Bremselektrode.

Zwei dieser Triebwerke sind zur Einsatzreife entwickelt worden, das RIT-10 und das RIT-35 (Ionisatordurchmesser: 10 bzw. 35 cm).

10.6 Tanks

Neben den bisher diskutierten Triebwerken stellen die Treibstofftanks das Hauptelement eines jeden Antriebssystems dar. Da ihre Leermasse zudem relativ groß im Vergleich zu allen anderen Komponenten des Antriebssystems ist und sie einen nicht unerheblichen Einfluß auf das Design des Satelliten ausüben, sollen sie an dieser Stelle gesondert behandelt werden.

10.6.1 Einflußfaktoren für den Tankentwurf

Für eine erste Tankauslegung bzw. -auswahl sind zunächst folgende Paramter zu definieren

- Art des Treibstoffs (des Antriebssystems),
- Volumen,
- Stabilisierungsart des Satelliten,
- Lebensdauer des Satelliten.

10.6.2 Tankformen

Infolge ihres optimalen Volumen/Oberfläche-Verhältnisses (= minimale Masse!) stellt die Kugel die am häufigsten gewählte Tankform dar. Sie wird ausschließlich eingesetzt, wenn der Tank unter einem hohen Innendruck steht, z.B. bei Kaltgassystemen oder bei Druckgastanks von Zweistoffsystemen. Aber auch für die Aufnahme von Hydrazin und MON/MMH-Treibstoffen stellt die Kugel den Standardfall dar. Außerdem kommen die in Bild 10.9 dargestellten Tankformen zum Einsatz

- Tropfentanks (Teardrop, Kugel mit angesetztem Kegel),
- Ellipsoide,
- Zylindrische Tanks mit
  - Kugeldomen,
  - elliptischen Domen.

10.6.3 Stabilisierungsmoden

Die Art der Stabilisierung des Satelliten übt einen wesentlichen Einfluß auf die Plazierung der Tanks im Satelliten, die zu wählende Tankform sowie auf den

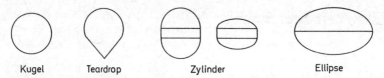

Bild 10.9. Tankformen

inneren Aufbau des Tanks aus. Es muß sichergestellt sein, daß zu jedem Zeitpunkt ein kontinuierlicher Ausfluß des Treibstoffs gewährleistet ist und keine Gasblasen in die Treibstoffleitungen geraten können. Notfalls ist eine Vorrichtung vorzusehen, die den Treibstoff zwangsweise orientiert: Propellant Management Device (PMD), siehe auch Abschn. 10.6.4.

Während einer Mission können verschiedene Stabilisierungsarten auftreten. Auf die zwei wesentlichen soll hier eingegangen werden.

Spin-Stabilisierung

Bedingt durch die ständige Drehung des Satelliten um seine Hauptachse wird der Treibstoff infolge der Zentrifugalbeschleunigung nach außen gedrückt; eine definierte Orientierung des Treibstoffs ist gewährleistet.

Die Positionierung des Tankauslasses ist hier eine Funktion der Spinrate des Satelliten und des Abstandes des Tanks von der Spinachse.

Ist es jedoch aus konstruktiven Gründen unvermeidbar, den Tank auf der Spinachse vorzusehen, so ist in jedem Fall ein PMD vorzusehen.

Dreiachsenstabilisierung

Unter Schwerelosigkeit verhalten sich Treibstoffe sehr unterschiedlich; Wasserstoff z.B. bildet eine Kugel, die frei im Tank schwebt; andere Flüssigkeiten bilden einen Film auf der Tankwandung. Bei dreiachsenstabilisierten Satelliten ist daher grundsätzlich ein PMD erforderlich.

10.6.4 Treibstofforientierungssysteme

Bei der Realisierung von Treibstofforientierungssystemen (PMD) ist wie folgt zu differenzieren

Einstoffsysteme

Bei Hydrazinsystemen wird allgemein ein Diaphragma, eine elastische teflonbeschichtete Kunststoff- oder Gummimembrane, die den Tank in einen treibstoff- und einen druckgasbeaufschlagten, gasgefüllten Bereich unterteilt, verwendet. Das Druckgas sorgt dabei, zusammen mit der Membrane, für eine feste Orientierung und Förderung des Treibstoffs.

Zweistoffsysteme

Bei Zweistoffsystemen läßt sich ein derartiges Diaphragma nicht einsetzen, da MON als äußerst aggressive Flüssigkeit das Diaphragma innerhalb weniger Stunden zersetzen würde und dann das Gas in den Treibstoff eintreten könnte. Daher werden bei Zweistoffsystemen Oberflächenspannungstanks (Surface Tension Tanks) eingesetzt.

11 Zuverlässigkeitsberechnung

Die Berechnung der Zuverlässigkeit eines Satellitensystems basiert auf der Ausfallwahrscheinlichkeit λ seiner Einzelkomponenten und der Art ihrer logischen Verknüpfung. Die Ausfallwahrscheinlichkeit ist im allgemeinen zeitabhängig, wie in Bild 11.1 gezeigt: Zwischen einer Anfangsperiode mit verhältnismäßig hoher „Säuglingssterblichkeit" und einer Endperiode mit Verschleißerscheinungen, liegt eine mittlere Zone mit relativ konstanter Ausfallwahrscheinlichkeit λ, die allgemein in FITs, d.h. Fehler pro 10^9 Stunden, gemessen an einer genügend großen Testmenge ausgedrückt wird. Repräsentative Fehlerrate für gebräuchliche Komponenten sind

Steck- oder Lötverbindungen	1 FIT
Schleifringkontakt	10
Widerstand	0,1
Kondensator	0,1
Diode, Transistor	1
Leistungsdiode, -transistor	100
Solarzelle	1
Batteriezelle	100
Wanderfeldröhre	1000
Stromversorgung dazu	1000.

Bei genauer Rechnung werden Korrekturfaktoren für Umwelteinflüsse, insbesondere Temperatur, und für die Auslastung angewendet. Die Zuverlässigkeit Z eines Bauteils mit der Ausfallrate λ ist die Wahrscheinlichkeit, daß dieses Bauteil die Betriebszeit t überlebt und wird ausgedrückt als

$$Z = e^{-\lambda t}. \qquad (11.1)$$

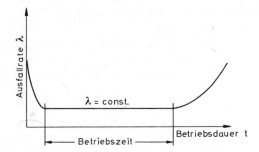

Bild 11.1. Ausfallrate als Funktion der Betriebsdauer von Bauelementen

Die Gesamtzuverlässigkeit eines Systems, das aus mehreren Bauteilen besteht und das auf das Funktionieren jedes Bauteils angewiesen ist, errechnet sich aus dem Produkt der Einzelzuverlässigkeiten

$$Z_{ges} = \prod_{i=1}^{n} Z_i = \exp\left(\sum_{i=1}^{n} \lambda_i t\right). \tag{11.2}$$

Wenn die Gesamtzuverlässigkeit zu niedrig ist, können Reservebauteile oder Reservegeräte eingesetzt werden, die im allgemeinen die Zuverlässigkeit des schwächsten Gliedes in der Kette erhöhen. Dabei unterscheidet man zwischen „heißer" und „kalter" Redundanz. Bei heißer Redundanz ist das Reservegerät angeschaltet und hat daher dieselbe Ausfallwahrscheinlichkeit wie das Nominalgerät. Wenn n die Anzahl der aktiven Geräte ist, die zum Betrieb benötigt werden, und m die Anzahl der Reservegeräte, die an jeder Stelle ein ausgefallenes Gerät ersetzen können, erhält man

$$Z = \sum_{a=1}^{m} \binom{n+m}{a} e^{-\lambda t(n+m-a)} (1-e^{-\lambda t})^a$$

mit

$$\binom{n+m}{a} = \frac{(n+m)!}{(n+m-a)!\,a!} \tag{11.3}$$

und

$$0! = 1.$$

Bei kalter Redundanz wird vorausgesetzt, daß das ausgeschaltete Reservegerät nicht ausfallen kann. Unter dieser Voraussetzung gilt

$$Z = e^{-n\lambda t}\left(1 + \sum_{a=1}^{m} \frac{(n\lambda t)^a}{a!}\right). \tag{11.4}$$

Im allgemeinen Fall setzt man eine Fehlerrate λ für Geräte im Betrieb und eine meist niedrigere Fehlerrate μ für Reservegeräte an. Damit erhält man den allgemeinen Zusammenhang

$$Z = e^{-n\lambda t}\left(1 + \sum_{a=1}^{m} (1-e^{-\mu t})^a \prod_{b=1}^{a} \frac{\frac{n\lambda}{\mu}+b-1}{b}\right). \tag{11.5}$$

Das erste Glied drückt die Zuverlässigkeit des Systems ohne Redundanz aus. Der Klammerausdruck ist größer als Eins und stellt einen durch die Redundanz erreichten Verbesserungsfaktor dar. Für den Spezialfall der reinen kalten Redundanz ($\mu = 0$) erhält man ein Produkt: Null mal Unendlich, das unbestimmt ist. In diesem Fall hilft die Wahl eines sehr kleinen, aber von Null verschiedenen Wertes von μ.

Verzeichnis der Abkürzungen der im Buch erwähnten Satellitenprojekte

Name	Aufgabe	Start
ANS	UV- und Röntgenstrahlen-Astronomie-Satellit (NL)	8.74
CLUSTER	Sonden zur Erforschung des interplanetaren Plasmas (ESA)	ca. 1994
DFS-Kopernikus	Deutscher Fernmeldesatellit	ca. 89
ECS	Europäischer Nachrichtensatellit (ESA)	6.83/8.84
ERS	Erderkundungssatellit (ESA)	ca. 1989
EURECA	European Retrieveable Carrier (ESA)/Europäische wiederverwendbare Weltraumplattform	ca. 1990
EXOSAT	European X-Ray Observatory Satellite (ESA)/ Europäischer Röntgenforschungssatellit für den galaktischen und extragalaktischen Bereich	5.83
GEOS	European Scientific Geostationary Satellite for Magntospheric Studies (ESA)/Forschungssatellit	5.78
G-STAR	Nachrichtensatelliten (USA)	1984–1989
HELIOS	Sonnensonde (D/NASA)	12.74/1.76
HEOS	High Eccentric Orbiting-Satellit (ESA)/ Forschungssatellit	12.68/1.72
HIPPARCOS	High Precision Parallax Collecting Satellite (ESA)/ Astronomie-Satellit	ca. 1990
INTELSAT	Nachrichtensatelliten (USA)	ab 1965
INTERCOSMOS	Forschungssatellit, Untersuchung des Einflusses von UV- und Röntgenstrahlung der Sonne auf die Hochatmosphäre (UdSSR/DDR)	10.69
IRAS	Infrared Astronomical Satellite/Infrarot Astronomie-Satellit (ESA/GB/NL)	1.83
ISEE	International Sun-Earth Explorer/Ein aus drei Satelliten bestehendes System zur Erforschung der Magnetosphäre (NASA/ESA)	10.77
IUE	International Ultraviolett Explorer/Erforschung der stellaren und galaktischen UV-Strahlung (NASA/ESA/GB)	1.78
LANDSAT	Erderkundungssatelliten (NASA)	ab 7.72
MARECS	Maritimer Kommunikationssatellit	11.84
MARINER	Planentensonde (NASA)	2.72
METEOSAT	European Metereological Satellite/Europäischer Geostationärer Wetterbeobachtungssatellit (ESA)	11.77/6.81
MOLNYA	Nachrichtensatelliten (UdSSR)	ab 4.65
OGO	Geophysikalischer Forschungssatellit (NASA)	9.64
OSO	Sonnensonde (NASA)	3.62
OTS	Orbital Test Satellite/Experimenteller und voroperationeller Nachrichtensatellit (ESA)	5.78
PIONEER (1–4)	Mondsonden (NASA)	11.58–12.60
PIONEER (5–9)	Sonnensonden (NASA)	3.60–11.68

Abkürzungsverzeichnis

Name	Aufgabe	Start
PIONEER 10	Jupitervorbeiflug (NASA)	3.72
PIONEER 11	Jupiter-/Saturnvorbeiflug	4.73
ROSAT	Röntgenstrahlen- Astronomie-Satellit (D/ESA/GB)	ca. 1990
SATCOM	Nachrichtensatelliten (USA)	75/76/79/81
SKYLAB	Bemanntes Weltraumlabor (USA)	5.73
SOLAR MAXIMUM SATELLITE	Sonnensonde (NASA)	2.80
SPACELAB	Bemanntes wiederverwendbares Welraumlaboratorium (ESA)	9.83/8.85
SPACENET	Nachrichtensatelliten	84/85
SPACE TELESCOPE	Optisches mit STS transportierbares Weltraumteleskop; Spiegeldurchmesser 2,4 m (NASA/ESA)	ca. 1990
SPAS	Shuttle Pallet Satellite/Mit STS transportierbare unbemannte freifliegende und wiederverwendbare Weltraumplattform (D)	6.83.2.84
SPOT	Erderkundungssatellit (F)	2.86
SPUTNIK	Erster Satelliten (UdSSR)	4.10.57
TD	UV- und Gammastrahlen-Astronomie-Satellit	3.72
TDRS	Tracking Data Relay Satellite/Nachrichtensatelliten (NASA)	ab 1983
ULLYSSES	Beobachtung der Sonnenpole (ESA)	ca. 1990
VENUS	Venussonden (NASA)	ab 5.61
VIKING	Marssonden	8.75/9.75
VOYAGER	Planetensonden – Vorbeiflug am Mars, Jupiter, Saturn, Uranus, Neptun	8.77.9.77

Weiterführende Literatur

Rainger, Gregory; Harvey, Jennings: Satellite Broadcasting. New York: Wiley 1985
Hughes, P.C.: Spacecraft Attitude Dynamics. New York: Wiley 1986
Maral, G.; Bousquet, M.: Satellite Communication Systems. New York: Wiley 1986
Kaiser, W.; Lohmar, U.: Kommunikation über Satelliten. Berlin: Springer 1981
Herter, E.; Rupp, H.: Nachrichtenübertragung über Satelliten. Berlin: Springer 1971
Dodel, H.; Baumgart, M.: Satellitensysteme für Kommunikation, Fernsehen und Rundfunk. Heidelberg: Hüthig 1986
Hartl, Ph.: Fernwirktechnik der Raumfahrt. Berlin: Springer 1980
von Braun, W.: History of Rocketry and Space-Travel. Thomas Nelson & Sons, 1966
Sänger, E.: Raumfahrt. Düsseldorf: Econ 1963
Koelle, H.H.: Theorie und Technik der Raumfahrzeuge. Stuttgart: Berliner Union 1964
Koelle, H.H.: Handbook of Astronautical Engineering. New York: Mc. Graw-Hill 1961
Escobal, P.R.: Methods of Orbit Determination. New York: Wiley 1976
Marshall, K.H.: Modern Spacecraft Dynamics and Control. New York: Wiley 1976
Johnson, D.A.: Effect of Nutation Dampers on the Attitude Stability of n-Body Symmetrical Spacecraft. New York: Springer 1974
Schuh, H.: Heat Transfer in Structures. Oxford: Pergamon 1965
Berks; Luft: Photovoltaic Solar Arrays for Communication Satellites. Proc. IEEE 59 (1971) 499–513
Gohrbandt; Rath: Power Supply Systems in the Multi-kW-Range. ESA SP–122 (1977) 163–168
Nickel-Cadmium Battery Technology Advancement for Geosynchronous Orbit Spacecraft. Proc. 7th AIAA Comm. Sat. Syst. Conf. (1978) 61–65
Stockel; Dunlop; Betz: NTS-2 Nickel-Hydrogen Battery Performance. Proc. 7th AIAA Comm. Sat. Syst. Conf. (1978) 66–71
Satellite Dynamics. Cospar IAU-IUTAM Symposium Sao Paolo, Berlin: Springer 1974
Advancements in Structural Dynamic Technology. NASA Document DS–17015, vol. 1.2 of 2. Jan. 1970
Pritchard, W.L., Sciulli, J.A.: Satellite Communication Systems Engineering. Prentice-Hall Inc., Englewood Cliffs, 1988
Wertz, J.R.: Spacecraft attitude determination and Control. D. Reidel, 1978
Arianespace: Ariane 4 Launch vehicles. Arianespace, 1987.

Sachverzeichnis

Abplattung 25
Absorption 86
Abstrahlflächen 37, 80
Äquator 14
Äquinoktium 60
Ätzen 45
Akkomodation 37
Albedostrahlung 88
Alpha Centauri 7
Amplitudenmodulation 72
AMS/TOS 31
ANS 3
Antennenöffnungswinkel 74
Antennenkeule 74
Antriebsbedarf 119
Antriebssysteme 38
Anziehungskraft 2
APOLLO-Programm 4
Apozentrum 11
ARIANE 28
Aristoteles 1
Armstrong 1
Asteroidengürtel 4
Astronomie 3
Astronomische Einheit 60
ATLAS 33
Atmosphärendichte 27
Aufsteigender Knoten 14
Ausfallwahrscheinlichkeit 135
Auslegungskriterien 37
Ausstoßgeschwindigkeit 13, 118
Azimut 16

Bahn- und Lagekontrolle 38
Bahnbestimmung 16
Bahndrehungsrate 25
Bahnparameter 10, 14
Bahnübergang 118
Bahnvermessung 77
Balken 42
Ballistischer Flug 9
Bandbreite 71
Bandstruktur 57
BAPTA 65
Batteriekapazität 63

Batteriekennwerte 63
Batterien 58
Batteriestrings 65
Bauweisen 45
Behaim 1
Beschleunigungsmanöver 23
Bezugssystem 14
Biegeschale 44
Bimetallschuppen 94
Binet 12
Binetsche Gleichung 12
Blenden 98
Blow-Down-Mode 119
Bodenspur eines Satelliten 15
Bremskraft 27
Bremsmanöver 23
Brennkammer 121
Brennphase 118
Brennpunkt 10
Brennstoffblock 121
Brennzeit 120
Broadcast Service 6
Buck regulation 67

Carrier Key 72
CCHP 95
CLUSTER 5
Coating 92
Columbus 1
Computer 70

DC/DC-Wandler 66
Deckglas 58
Demodulator 69
DFS-KOPERNIKUS 47
Diaphragma 134
Diaz 1
Differentialbauweise 45
Diodenkennlinie 58
Dipolmoment 116
Dissipationsleistung 88
Doppelstart 29
Doppler Effekt 72
– Verschiebung 73
Down-Link 72

Sachverzeichnis

Drall 11
Drallerhaltungsgesetz 101
Drallrad 101, 115
Drallstabilisierung 99
Drallsteifigkeit 110
Dreiachsenstabilisierung 99
Druck 43
Dual Spinner 107
Düse 121
Dynamo-Theorie 2

Eigenschwingungsform 49
Eigenwerte 50
Einfachstart 29
Einstein 2
Einstoffsystem 125
Eisenspule 115
Elastizitätsmodul 43
Elektrische Antriebe 118, 130
Elektrode 63
Elektrolyt 62
Elektromagnetische Eigenschaften 37
– Schuberzeuger 131
Elektrostatische Schuberzeuger 131
Elektrothermische Schuberzeuger 131
Elementmassenmatrix 54
Elementschnittgrößen 50
Elementsteifigmeitsmatrix 54
Elevation 16
Ellipsenhalbachse 10
Emission 86
Energie 11
Energieaufbereitung 38
Energieerhaltungssatz 12
Energienullpunkt 12
Energiequellen 38
Energieversorgung 58
Entfernungsmessung 77
Entladebetrieb 65
Entladecharakteristik 64
Entlademanöner 101
Entladetiefe 64
Entladung 64
Entwurfskriterien 28
Erastothenes v. Kyrene 1
Erdatmosphäre 5
Erde 2
Erdeigenstrahlung 88
Erderkundungssatelliten 5
Erdkern 3
Erdkruste 2
Erdmagnetfeld 2
Erdschwerefeld 3
Erregerwicklung 11
ERS 5
ESA 4
Eulersche Differentialgleichung 103

EURECA 7
EUTELSAT 6
EXOSAT 3

Fail safe 45
Faint Object Camera 3
Fairing 29
Faltwerke 43
Faserverbundbauweise 45
Fehlerrate 135
Feststoffantriebe 118
FIT (Failure In Time) 135
Fixed Services 6
Fixstern 7
Flat-Spin 109
Fluchtgeschwindigkeit 12, 19
FORD 34
Formfaktometer 90
Frequency Shift Key 72
Frequenzband 72
Frequenzmodulation 72
Frequenzumsetzung 69
Frühlingspunkt 14

Galileo Galilei 3
Gallium-Arsenid Solarzellen 61
Geographische Breite 15
– Länge 15
Geophysik 2
GEOS 5
Geostationäre Umlaufbahn 5
Geostationärer Transferorbit (GTO) 29
Gesamtzuverlässigkeit 136
Gesenkpressen 45
Gezeitenreibung 2
Giacobini Zinner (Komet) 4
Gießen 45
Glasfaserverstärkter Kunststoff 46
Gravitationseinflüsse 25
Gravitationskraft 9
Greenwich Meridian 14
Großkreis 14

Halleyscher Komet 4
Heat Pipes 95
Heißgassystem 125
Heizelemente 96
HELIOS 5
Heliozentrisch 19
HEOS 5
HGG (Hydrazin Gas Generator) 127
Himmelskörper 2
HIPPARCOS 3
Hochfrequenzionentriebwerk 133
Hohlleiterhorn 74
Hohmann-Übergangsbahn 15, 21
HPPM 31

Hybridantriebe 130
Hydrazin 119
Hydrazintriebwerk 12
Hyperbolische Überschußgeschwindigkeit 21

Impulserhaltungssatz 13
Infrarot-Strahlung 4
Inklination 14
INMARSAT 6
Innenwiderstand 65
Integralbauweise 45
Integrierende Bauweise 45
INTELSAT 6
INTERCOSMOS 4
Interface 36, 40
Interplanetare Flüge 19
Ionentriebwerk 12, 131
ISAS 4
ISEE 5
Isolierung 93
IUE 4
IUS 31

Jupiter 2

Kaltgas 122
Kartographische Projektion 15
Kegelschnitte 10
Kepler 9
Keplersche Gesetze 9
Kerbwirkung 46
Kernstrukturen 46
Kinetische Energie 12
Klappen 101
Klemmspannung 116
Knotenaufteilung 87
Knotenlast 55
Knotenverschiebung 49
Kohlefaserverstärkter Kunststoff 46
Komposite-Brennstoff 121
Konfiguration 37
Konfigurationsfaktor 86
Konvektion 83f.
Kosmische Geschwindigkeit 12
– Strahlung 2, 8
Kreisförmige Bahnen 17
Kurzschlußstrom 59

Ladebetrieb 65
Ladecharakteristik 64
Lageregelung 99
Lagesollwert 99
Lagewinkel 99
Lagrangscher Punkt 5
LANDSAT 5
Lastannahmen 42

Latching Valves 127
Laufzeit 77
Leckfreiheit 118
Leerlaufspannung 59
Leistungsdichte 86
Leistungsgewicht 61, 116
Leitwert 89
Lichtgeschwindigkeit 7
Lichtjahr 7
Limit cycle 101
Linienlast 55
Louvers 97
Luftspule 116
Luther 2

Magnetfeld 8
Magnetische Reinheit 37
Magnetspulen 101
MARINER 4
Mars 2
Massenbelegung 55
Massenmischungsverhältnis 119
Materialherstellung 7
Materialuntersuchung 7
McDAC 31
Membranschale 44
Merkur 2
Metallmatten 93
METEOSAT 6
Michelangelo 2
Missionsphase 38
Mobile Services 6
Modal Survey Test 49
Modale Koppelverfahren 48
Modellbildung 47
Modulator 69
MOLNYA 7
Mond 2
Mondlandung 4
Monomethylhydrazin 119
Multi Layer Insulation 93
Multiplex-Betrieb 71
Multiplexverfahren 38

Nachrichtenempfänger 68
Nachrichtenerzeuger 68
Nachrichtensatelliten 6
Nachrichtenstrecke 68
Nahbereich eines Planeten 19
NASA 3
Nennspannung 61f.
Neptun 4
Newton 2, 9
Newtonsche Ringe 74
Nickel-Cadmium Batteriezellen 62
Nickel-Wasserstoff Batteriezellen 62
Normalkraft 43

Nutation 104
Nutationskegel 104
Nutationsperiode 105
Nutzlast 36

Oberflächengestaltung 94
Oberflächenspannungstank 134
OGO 5
OPM (Orbital Propulsion Modul) 130
Orientierung 37
OSO 5
Oszillation 100

Packet Radio 69
PAHT (Power-Augmented Hydrazin Thruster) 127
PAM-A 31
PAM-D 31
Parabol Reflektor 76
Parallelschaltung 61
Pendeldämpfer 110
Periodische Erregung 49
Perizentrum 10
Phase Shift Key 72
Phasen-Regelschleife 73
Phasenebene 100
Phasenmodulation 72
PIONEER 4
Planetenflüge 4
Planetenkonstellation 7
Planetensystem 2, 7
Plasma 2
Plasmaforschung 4
Plasmatriebwerk 131
Platten 43
PMD (Propellant Management Device) 134
Potentielle Energie 11
Präzession 26, 110
Präzessionsrate 101
Propellereffekt 111
Ptolemäus 1
Pull-Up regulation 67
Pulscodedemodulator 71
Pulscodemodulator 71
Pulsfrequenz 100
Pulslänge 100

Quasare 4
Quasi-statische Lasten 42

Radarprinzip 77
Radioaktive Strahlung 8
Radiowellen 4
Raketengrundgleichung 13
Ranging 77
Raumsonden 4

Raumstation 7
Rauschleistung 76
Rauschtemperatur (äquivalent) 77
RCA 33
Reaktionsmoment 101
Reaktionsrad 101, 115
Redundanz 136
Regelkreis 99
Regelmoment 99
Regelstrecke 100
Relaissatellite 5, 69
RESISTOJET 131
Restatmosphäre 112
Reziprozitätstheorem 90
Richtungsmessung 77
RIT (Triebwerk) 132
Röntgenwellen 3
Rückkopplung 104

Sandwich-Bauweise 46
Satelliten-Untersysteme 28, 36
Satellitenplattform 36
Sattelpunkt 107
Sauerstoff 119
Schalen 43
Schattenphase 38, 61
Scheiben 43
Schnittkraftvektor 51
Schnittstellen 28
Schnittstellendefinition 36
Schubniveau 118
Schubspannung 44
Schwellwert 100
Schwellwertgrenzen 101
Schwellwertregelung 101
Schwerkraftgradient 112
Schwungrad 107
SCOTS 31
Sensor 99
Separatrix 105
Serienschaltung 61
Servicesystem 36
Shutters 98
Silizium-Einkristall 58
Single Spinner 103
SKYLAB 7
SOLAR MAXIMUM SATELLITE 5
Solare Energiedichte 7
Solargenerator 61
Solarzellen 58
Solarzellenstrings 65
Solstitium 60
Sonne 2
Sonnenabstand 60
Sonnenbahn 14
Sonnendruck 8, 26, 111
Sonnenflecken 5, 8

Sachverzeichnis

Sonnenmagnetfeld 5
Sonnensynchrone Bahn 5, 25
Sonnensystem 8
Sonnenwind 2, 8
Sonnenzelt 32
SPACE SHUTTLE 3
SPACE TELESCOPE 3
SPACE TRANSPORTATION SYSTEM 31
SPACELAB 4, 7
Spannungsspitzen 61
SPAS 7
Specialized Service 6
SPELDA 29
Spezifischer Drall 11
– Treibstoffimpuls 13
SPOT 5
Spulenwiderstand 116
SPUTNIK 1
Stabilisierung 37
Stäbe 42
STAR-MOTOR 31
Startfenster 24
Steifigkeit 37, 46
Stellglied 99
Stellmoment 100
Stickstofftetraoxid 119
Stochastische Erregung 49
Störmoment 99
Stöße 42
Stoßkräfte 49
Strahlungseinfluß 60
Strahlungskopplung 90
Strangpressen 45
Strombelastung 62
Strukturanalyse 47
Strukturqualifikation 47
Stützmittel 130
Superisolation 93
Surface Tension Tank 134
SYLDA 29
Synchronorbit 80
Systemeigenfrequenzen 57

Tank 133
Tankdruck 119
Tankfüllungsgrad 119
Tanktemperatur 119
Tankvolumen 119
TD 3
TDR-Satellit 69
TDRS 5
Tektonische Erdplatten 3
– Grenzzonen 3
Telekommando 38, 68
Telemetrie 38

Telemetriedaten 68
Temperaturgrenzen 80
Temperaturregelung 79
Thermalkontrolle 38
Thiokol 31
Tracking 77
Trägheitstensor 102
Transponder 69
Treibstoffdichte 119
Treibstoffdurchsatz 120
Treibstofforientierungssystem 134
Treibstoffschwappen 104
Tycho de Brahe 3

Übergangsbahn 19
Überladung 64
Überschußgeschwindigkeit 24
Übertragungsgüte 77
Übertragungsmatrix 50
Übertragungsverfahren 38
ULYSSES 5
Umlaufbahn 7
Up-Link 72
Uranus 4
UV-Strahlung 3

Van-Allen-Gürtel 8
VCHP 96
Venus 2, 4
Very Large Baseline Interferometrie 4
Vierkörperproblem 19
VIKING 4
VOYAGER 7

Wärmeabsorption 80
Wärmeausbreitung 83
Wärmedurchgang 85
Wärmeemission 80
Wärmeenergie 80
Wärmekapazität 80
Wärmeleitfähigkeit 84
Wärmeleitung 83f.
Wärmeleitzahl 84
Wärmerohre 95
Wärmestrahlung 83
Wärmeströmung 83f.
Wärmeübergang 85
Wahre Anomalie 10
Wanderfeldröhre 73
Wasserspiegel 3
Wasserstoff 119
Weicheisen 116
Weltraum 2
Wetterbeobachtungssatelliten 6
Widerstandsbeiwert 27
Winkelabstand des Perigäums 14

Sachverzeichnis

Zerspanen 45
Zielgeschwindigkeit 23
Ziolkowski-Gleichung 13
Zufallsschwingungen 42
Zündsystem 121

Zug 43
Zuverlässigkeit 135
Zweikörperproblem 19
Zweistoffsystem 128
Zweistofftriebwerk 12

STUDENTENBIBLIOTHEK
Abt. Techn. Univ.